U0382841

内 容 简 介

气候投融资是当前全球应对气候变化领域的一个核心问题，如何完善相应的制度、政策、法规及机制以促进全社会的资金流向气候变化领域，是能否实现碳达峰、碳中和目标的关键。本书聚焦气候投融资体系建设，在阐述气候投融资内涵和边界的基础上，介绍了国际气候投融资体系的最新进展，全面分析了我国气候投融资体系的现状及存在的关键问题，结合最新的国际国内形势提出完善我国气候投融资体系的对策建议。

本书对各级决策部门、行政机构，有关科研院所、高等院校、咨询机构，金融机构、企业及社会公众具有一定的参考和研究价值。

图书在版编目（CIP）数据

中国气候投融资的进展与制度研究 / 谭显春等著. —北京：科学出版社，2022.10

ISBN 978-7-03-067140-0

Ⅰ. ①中⋯　Ⅱ. ①谭⋯　Ⅲ. ①气候变化-治理-投融资体制-研究-中国　Ⅳ. ①P467

中国版本图书馆 CIP 数据核字（2020）第 247466 号

责任编辑：陈会迎 / 责任校对：张亚丹
责任印制：张　伟 / 封面设计：有道设计

科 学 出 版 社 出版
北京东黄城根北街 16 号
邮政编码：100717
http://www.sciencep.com

北京中科印刷有限公司 印刷
科学出版社发行　各地新华书店经销

*

2022 年 10 月第 一 版　开本：720×1000　B5
2023 年 7 月第二次印刷　印张：8 3/4
字数：180 000

定价：98.00 元
（如有印装质量问题，我社负责调换）

序 一

　　工业革命以来，人类活动导致温室气体排放较工业化前大幅度增加，过去 150 年间大气中的二氧化碳水平从 280ppm[①]上升到超过 400ppm，预计 2030～2052 年全球温升将达到 1.5℃，在不考虑额外减缓行动的基准情景下，2100 年将达到 3.7～4.8℃。如果全球平均温度比 1990 年高 2℃，将触发严重的后果，包括影响生态系统、增加极端天气事件和降低粮食产量等。因此，到 21 世纪末，将温升控制在 2℃以内并努力控制温升在 1.5℃以内成为全球共识。2015 年联合国气候大会达成了《巴黎协定》，明确提出把全球平均气温升幅控制在工业化前水平以上 2℃之内，并努力将气温升幅限制在工业化前水平以上 1.5℃之内。《巴黎协定》构建了 2020 年后全球气候治理体系框架，为 2020 年后全球合作应对气候变化指明了方向和目标，传递了全球向绿色低碳经济转型的信号。低碳发展已经成为新一轮国际经济、技术和贸易的竞争高地，全球低碳转型进入加速发展阶段。

　　我国人口众多、气候条件复杂、生态环境脆弱，是全球气候变化的敏感区和影响显著区。在资源环境约束和全球绿色低碳转型的大背景下，积极应对气候变化和推动低碳发展，是我国转变发展方式、提升经济发展质量和效益的重大机遇，也是落实新发展理念，建设生态文明的必然选择。2020 年 9 月 22 日，习近平主席在第七十五届联合国大会一般性辩论上宣布，"中国将提高国家自主贡献力度，采取更加有力的政策和措施，二氧化碳排放力争于 2030 年前达到峰值，努力争取 2060 年前实现碳中和"[②]。此后，习近平在不同场合就碳达峰、碳中和发表多次讲话，高度重视科学实现"双碳"目标。作为最大的发展中国家，我国发展不平衡不充分问题仍然突出，加之外部发展环境复杂严峻，实现"双碳"目标并非易事，需要各方付出艰苦卓绝的努力。

　　《巴黎协定》明确提出，要提供与增强气候耐受力和低排放增长模式相适应

　　[①] ppm 为百万分之一。

　　[②] 《习近平在第七十五届联合国大会一般性辩论上发表重要讲话》，http://www.xinhuanet.com/politics/leaders/2020-09/22/c_1126527647.htm[2020-09-23]。

的资金支持，使资金流向更加符合温室气体低排放和气候适应型发展的路径。在我国实现碳达峰、碳中和目标愿景的进程中，既要积极推进未来经济社会向低碳转型以减缓气候变化，也要提高适应气候变化的能力以应对未来的气候风险。减缓和适应气候变化的方方面面都需要以当前及未来大规模的投资为基础，包括基础设施投资、能力建设投资及研发投资等。单一资金来源并不足以提供实现应对气候变化所需的大量资金，气候投融资是引导和促进更多资金投向应对气候变化领域的投资和融资活动，是实现"双碳"目标的新动能。

《中国气候投融资的进展与制度研究》一书由中国科学院科技战略咨询研究院谭显春研究员、王毅研究员等撰写，聚焦气候投融资这一新兴领域，紧跟国内外气候投融资发展趋势，关注气候投融资领域实际需求，研究视角独到，分析严谨，系统研究了我国气候投融资体系，解析了气候投融资的定义和边界，剖析了我国气候投融资体系的现状，分析了我国气候投融资存在的关键问题，并提出具体措施和建议。成果具有前沿性、针对性和创新性，弥补了当前气候投融资系统研究不足的缺憾，是现阶段我国气候投融资研究领域的佳作。希望此书对各级决策者、研究人员、管理工作组及气候投融资从业人员都能有所帮助。

生态环境部应对气候变化司司长

序　二

　　气候变化是当今人类可持续发展面临的最严峻的挑战之一，深刻影响人类未来和各国的发展，受到国际社会持续、广泛的关注。我国始终高度重视应对气候变化工作，把应对气候变化作为推进生态文明建设、实现高质量发展的重要抓手，通过调整产业结构、优化能源结构、节能提高能效、推进碳市场建设、提升适应气候变化能力、增加森林碳汇等一系列措施，碳强度持续下降，基本扭转了二氧化碳排放快速增长的局面。2019 年，我国碳强度较 2005 年下降了 48.1%，非化石能源占比达 15.3%，均已提前完成向国际社会承诺的 2020 年的目标。

　　2020 年 9 月 22 日，习近平主席在第七十五届联合国大会一般性辩论上宣布，"中国将提高国家自主贡献力度，采取更加有力的政策和措施，二氧化碳排放力争于 2030 年前达到峰值，努力争取 2060 年前实现碳中和"[①]。"双碳"目标明确了我国绿色低碳发展的时间表和路线图，不仅为新型冠状病毒肺炎疫情（以下简称新冠肺炎疫情）后全球绿色复苏注入新的活力，也为中国经济绿色低碳转型提供了信心和定力。气候投融资既能引导资金投向绿色低碳产业和项目，推动形成减缓和适应气候变化的能源结构、产业结构、生产方式和生活方式，推动经济社会低碳转型；也能防范化解气候风险，维护金融稳定，是保障"双碳"目标资金需求最有效的途径。2020 年 10 月，生态环境部等五部委联合发布《关于促进应对气候变化投融资的指导意见》，明确了气候投融资的建设目标及重点任务，对下一步气候投融资发展提出了明确要求。

　　我国气候投融资尚处在发展阶段，迫切需要各方积极参与，推动构建完善的制度、政策、标准体系及配套支撑体系，丰富气候投融资实践，引导更多资金投向应对气候变化领域。《中国气候投融资的进展与制度研究》一书，对我国气候投融资体系开展了系统性的研究，解析了气候投融资的定义和边界，从资金来源、资金媒介、资金工具和资金使用方面剖析了我国气候投融资体系的现状，识别、

---

　　① 《习近平在第七十五届联合国大会一般性辩论上发表重要讲话》，http://www.xinhuanet.com/politics/leaders/2020-09/22/c_1126527647.htm[2020-09-23]。

分析和诊断了我国气候投融资在融资渠道、融资机制和政策体系等方面存在的关键问题，并从机制体制、合作交流、融资工具等方面提出了具体措施和建议，以促进我国应对气候变化投融资的发展。该书立足研究领域前沿，内容全面丰富，是国内气候投融资领域具有引领作用的研究专著，可以为相关政府部门决策提供重要参考，也可以帮助气候投融资参与方全面了解气候投融资体系，还可以为今后开展进一步研究提供参考借鉴。

叶燕斐

中国银行保险监督管理委员会政策研究局一级巡视员

前　言

应对气候变化已经成为国际社会和中国政府的行动与共识，积极应对气候变化是贯彻新发展理念、推进生态文明建设的重要抓手，需要大量的资金支持。气候投融资是当前全球应对气候变化领域的一个核心问题，如何完善相应的制度、政策、法规及机制，以促进全社会的资金流向气候变化领域，是实现碳达峰、碳中和目标愿景的关键。然而，我国尚未建立健全的气候投融资体系，有待进一步的制度完善和政策推动。本书通过对我国气候投融资现状的分析，从资金来源、资金媒介、投融资政策工具及资金使用等方面，识别、分析和诊断我国气候投融资在融资渠道、融资机制和政策体系等方面存在的关键问题，并从体制机制、合作交流、融资工具等方面提出具体的措施和建议，以促进我国应对气候变化投融资的发展。

首先，研究阐述了气候投融资的内涵和边界，认为气候投融资是专门为应对气候变化，包括减缓气候变化和适应气候变化而开展的投资和融资活动。描述了气候投融资与绿色金融的关系，即气候投融资是在绿色金融的基础上衍生出来的，是绿色金融的重要组成部分。气候投融资的特殊性主要在气候资金方面，绿色金融中除气候变化外的其他方面很少有这种大规模的国际资金转移机制。气候投融资的边界包括减缓领域的气候投融资活动和适应领域的气候投融资活动，涉及产业结构、能源结构、非能源活动、生活消费、基础设施建设及能力建设等诸多方面。

其次，分析了国内外气候投融资体系现状。《联合国气候变化框架公约》（United Nations Framework Convention on Climate Change，UNFCCC）及其他气候变化国际谈判进程和成果是建立国际气候融资和资金治理框架的重要基础和依据，从资金来源来看，全球气候资金主要包括公共资金和私人资金。其中，公共资金主要来源于《联合国气候变化框架公约》资金机制内外的多边资金，也越来越多地来源于双边渠道资金及区域和国家气候变化资金等。从资金流向来看，全球气候资金主要流向减缓和适应领域，其中93%投向减缓领域，5%投向适应领域。

可再生能源是减缓资金最多的行业，低碳交通的减缓资金增速最快。适应资金主要用于水利项目、土地利用和减轻灾害风险等领域。

我国的气候融资来自国内气候融资和国际气候融资。公共资金是国内气候融资的先导力量，也是目前主要的资金来源，传统金融市场资金是最大的潜在资金来源，碳市场既是重要的减排工具，也是气候投融资的一项重大制度创新。发达国家主要通过公共预算为包括中国在内的发展中国家应对气候变化提供资金，但始终未能兑现此承诺。在早期阶段，清洁发展机制（clean development mechanism，CDM）等市场机制也是我国获得国际资金的重要途径，但欧盟 2013 年后不再接受中国、印度等新兴国家批准的核证减排量（certified emission reduction，CER），通过 CDM 获得的减排资金急剧减少。从资金使用来看，我国绝大部分气候资金投向了减缓领域，主要用于节能减排、可再生能源和战略性新兴产业等领域；而投向适应气候变化领域的资金量较小，主要用于农林业和防灾减灾建设等领域。国际合作和能力建设领域的投入也已经开始，尤其是南南合作近几年有明显上升趋势。

基于已有的相关研究，估算到 2030 年我国每年的气候资金需求为 1.43 万亿～3.08 万亿元。2015 年我国气候资金现状值为 7413 亿元，以此为基准估算得到我国每年气候资金缺口为 0.69 万亿～2.34 万亿元，其中传统金融市场及企业自有资金的缺口为 3252 亿～9012 亿元，国内公共资金的缺口为 2098 亿～6058 亿元，国际公共资金的缺口为 0～3777 亿元，碳市场的资金缺口为 2071 亿～4546 亿元。

我国气候融资体系面临的主要问题有：一是气候资金缺口较大，融资渠道狭窄，融资来源不确定；二是缺乏对气候投融资范畴的明确界定，相关的监测、报告和核查（measurement，reporting and verification，MRV）体系尚未建立；三是气候投融资管理体制机制不够完善，专职管理和协调机构尚未组建；四是传统金融市场的资金潜力尚未得到充分挖掘，金融机构提供气候融资服务的动力不足；五是专业人才和能力匮乏，能力建设和国际合作有待加强；六是地方绿色低碳转型动力不足，参与气候投融资的积极性不高。

与此同时，我国气候投融资也面临着一些新形势：一是《格拉斯哥气候公约》为解决未来气候资金问题奠定了基础；二是新冠肺炎疫情冲击导致全球气候资金来源紧缩，金融风险加大；三是南南合作应对气候变化需要更多的资金输出；四是绿色"一带一路"建设需要更多的气候资金投入，需要动员市场力量和国际社会的支持。值得注意的是，我国气候投融资也迎来了新的发展机遇：一是中国应对气候变化领导力不断增强；二是国际社会将发展低碳经济作为新冠肺炎疫情后经济复苏的重要抓手；三是中国绿色金融的蓬勃发展为气候投融资带来了最佳的发展机会。

最后，提出了我国气候投融资制度完善的政策建议：一是完善气候投融资顶层设计，加快制定《关于促进应对气候变化投融资的指导意见》的实施细则；二是制定完善符合我国实际的气候投融资标准，加强与已有标准的衔接；三是建立符合国际惯例的气候投融资统计体系，加强气候相关信息披露；四是推动气候投融资产品和工具创新，加强气候相关的金融风险管理；五是加强气候投融资专业研究，广泛开展交流合作。

　　本书主要由中国科学院科技战略咨询研究院谭显春、王毅、顾佰和、曾桉共同撰写完成，杨东、高瑾昕、幸绣程、张倩倩也参与了本书的撰写。

　　我们要特别感谢生态环境部应对气候变化司司长李高先生和中国银行保险监督管理委员会（以下简称银保监会）政策研究局一级巡视员叶燕斐先生专门为本书写了序言，感谢生态环境部应对气候变化司综合处处长丁辉、国家发展和改革委员会（以下简称国家发展改革委）财政金融司证券处处长张邦利、中国人民银行金融研究所市场处处长杨娉、国家开发银行研究院常务副院长郭濂、中节能咨询有限公司总经理廖原、中国国际工程咨询有限公司气候应对处处长张嫄、中国证券监督管理委员会（以下简称证监会）中证金融研究院研究员秦二娃、兴业经济研究咨询股份有限公司首席绿色金融分析师钱立华、国家应对气候变化战略研究和国际合作中心蒋巍提出的宝贵意见和指导。

　　本书的撰写和出版主要得到了国家自然科学基金重点项目（72140007）、国家重点研发计划项目（2018YFC1509008）和国家应对气候变化专项经费研究项目（20190113）给予的相关研究资助，使我们得以顺利完成报告所涉及的研究和撰写工作。

　　感谢科学出版社的各位编辑对本书出版的支持和帮助。

　　著者再次一并感谢未能列出的所有在本书研究和撰写过程中提供帮助和支持的单位、组织和个人，离开这些帮助，著者无法完成本书的撰写。

　　最后需要指出的是，由于著者学识水平和资料有限，不足之处在所难免，欢迎专家、读者不吝赐教。

著　者
2021 年 12 月

目　　录

第1章　气候投融资的内涵与边界 ·· 1
　1.1　气候投融资背景 ··· 1
　1.2　气候投融资概念的国际内涵 ··· 3
　1.3　国内对气候投融资概念的理解 ··· 4
　1.4　气候投融资概念的边界 ·· 6
第2章　国际气候投融资体系现状 ·· 11
　2.1　国际气候投融资体系的发展历程 ··· 11
　2.2　国际气候资金的来源 ·· 12
　2.3　国际气候资金的流向 ·· 18
第3章　我国气候投融资体系现状 ·· 24
　3.1　我国气候投融资体系建设进展 ··· 24
　3.2　我国气候投融资的管理体制 ··· 30
　3.3　我国气候投融资的制度体系 ··· 33
　3.4　我国气候资金的来源 ·· 58
　3.5　我国气候资金的使用 ·· 80
第4章　我国气候投融资需求供给及关键问题分析 ·· 88
　4.1　未来气候投融资需求分析 ·· 88
　4.2　我国未来气候融资来源分析 ··· 92
　4.3　我国气候投融资体系存在的关键问题 ··· 93
第5章　完善我国气候投融资制度的对策建议 ·· 101
　5.1　我国气候投融资面临的新形势 ·· 101
　5.2　我国气候投融资面临的新机遇 ·· 105
　5.3　完善我国气候投融资制度政策建议 ·· 111

参考文献 ··· 113

附录···115

　　附录 1　适应资金国家案例分析 ·······································115

　　附录 2　深圳气候投融资实践 ···121

缩略词表

缩写	英文全称	中文全称
ACCF	Africa Climate Change Fund	非洲气候变化基金
ADB	Asian Development Bank	亚洲开发银行
AF	Adaptation Fund	气候适应基金
AFD	Agence Française de Développement	法国开发署
AfDB	African Development Bank	非洲开发银行
APA	Adaptation Action Plan	《适应行动计划》
ARC	African Risk Capacity	非洲风险能力
AREI	African Renewable Energy Initiative	非洲可再生能源倡议
ASAP	Adaptation for Smallholder Agriculture Programme	小型农户适应项目
BCG	Boston Consulting Group	波士顿咨询公司
BMBF	Bundesministerium für Bildung und Forschung	德国联邦教育及研究部
BMEL	Bundesministerium für Verbraucherschutz, Ernährung und Landwirtschaft	德国联邦食品和农业部
BMU	Bundesministerium für Umwelt, Naturschutz und Reaktorsicherheit	德国联邦环境、自然保育及核能安全部
BMVI	Bundesministerium für Verkehr und digitale Infrastruktur	德国联邦交通部和数字基础设施部
BMWi	Bundesministerium für Wirtschaft und Energie	德国联邦经济事务和能源部
BMZ	Bundesministerium für wirtschaftliche Zusammenarbeit und Entwicklung	德国联邦经济合作与发展部
BNDES	Brazilian Development Bank	巴西国家开发银行
CBI	Climate Bonds Initiative	气候债券倡议组织
CCRIF	Caribbean Catastrophe Risk Insurance Facility	加勒比巨灾风险保险基金
CCUS	carbon capture, utilization and storage	碳捕集利用与封存

续表

缩写	英文全称	中文全称
CDM	clean development mechanism	清洁发展机制
CEF	Connecting Europe Facility	连接欧洲基金
CER	certified emission reduction	核证减排量
CIFs	Climate Investment Funds	气候投资基金
CPI	Climate Policy Initiative	气候政策倡议组织
CTF	Clean Technology Fund	清洁技术基金
DAS	German Strategy for Adaptation to Climate Change	德国适应气候变化战略
DFI	Development Finance Institution	发展金融机构
EAFRD	European Agricultural Fund for Rural Development	欧洲农村发展农业基金
EAGF	European Agricultural Guarantee Fund	欧洲农业担保基金
EBRD	European Bank for Reconstruction and Development	欧洲复兴开发银行
ECAs	Export Credit Agencies	出口信贷机构
ECGD	Export Credits Guarantee Department	英国出口信贷委员会
EDC	Export Development Canada	加拿大出口发展署
EDGAR	Emissions Database for Global Atmospheric Research	全球大气研究排放数据库
EEPR	European Energy Plan for Recovery	欧洲能源复苏计划
EKR	Eksport-Kreditradet	丹麦出口信贷委员会
ERDF	European Regional Development Fund	欧洲区域发展基金
ESG	Environmental，Social and Governance	环境、社会与治理
ET	emission trading	排放贸易
FAO	Food and Agriculture Organization of the United Nations	联合国粮食及农业组织
FCPF	Forest Carbon Partnership Facility	森林碳伙伴基金
FFEM	Fonds français pour L'Environment Mondial	法国环境基金
FIP	Forest Investment Program	森林投资计划
FSF	Fast-Start Finance	快速启动基金
GBP	Green Bond Principle	绿色债券原则
GCF	Green Climate Fund	绿色气候基金
GCP	Global Carbon Project	全球碳项目
GCPF	Global Climate Partnership Fund	全球气候伙伴基金

续表

缩写	英文全称	中文全称
GCPT	Global Coal Plant Tracker	全球燃煤电厂追踪系统
GDP	gross domestic product	国内生产总值
GEEREF	Global Energy Efficiency and Renewable Energy Fund	全球能源效率和可再生能源基金
GEF	Global Environment Facility	全球环境基金
GEM	Global Energy Monitor	全球能源监测组织
GFANZ	Glasgow Financial Alliance for Net Zero	格拉斯哥净零排放金融联盟
GIZ	Gesellschaft für Internationale Zusammenarbeit	德国国际合作机构
GPSC	Global Platform for Sustainable Cities	可持续城市全球平台
ICCTF	Indonesia Climate Change Trust Fund	印度尼西亚气候变化信托基金
ICF	International Climate Fund	国际气候基金
IDB	Inter-American Development Bank	美洲开发银行
IDFC	International Development Finance Club	国际开发性金融俱乐部
IFAD	International Fund for Agricultural Development	国际农业发展基金
IFC	International Finance Corporation	国际金融公司
IKI	International Climate Initiative	德国国际气候倡议
IMF	International Monetary Fund	国际货币基金组织
IPCC	Intergovernmental Panel on Climate Change	政府间气候变化专门委员会
JBIC	Japan Bank for International Cooperation	日本国际合作银行
JI	joint implementation	联合履行
JICA	Japan International Cooperation Agency	日本国际合作署
KfW	Kreditanstalt für Wiederaufbau	德国复兴信贷银行
LDCF	Least Developed Countries Fund	最不发达国家基金
LDCs	least developed countries	最不发达国家
MDBs	Multilateral Development Banks	多边开发银行
MRV	measurement，reporting and verification	监测、报告和核查
NAMA	Nationally Appropriate Mitigation Actions	全国性适当减缓行动
NDCs	Nationally Determined Contributions	国家自主贡献
NEXI	Nippon Export and Investment Insurance	日本出口和投资保险组织
NGFS	Central Banks and Supervisors Network for Greening the Financial System	央行和监管机构绿色金融网络

续表

缩写	英文全称	中文全称
NGO	Non-Governmental Organizations	非政府组织
ODA	official development assistance	官方发展援助
OECD	Organization for Economic Co-operation and Development	经济合作与发展组织
OECD-DAC	OECD Development Assistance Committee	经济合作与发展组织发展援助委员会
PMR	partnership for market readiness	市场准备伙伴关系
PPCR	Pilot Program for Climate Resilience	气候复原力试点计划
PPP	public-private partnership	政府和社会资本合作
REDD+	reducing emissions from deforestation and forest degradation，plus the sustainable management of forests，and the conservation and enhancement of forest carbon stocks	减少毁林和森林退化、森林保护、可持续森林管理及增加森林碳储量
REM	REDD Early Movers	REDD 早期行动者
SCCF	Special Climate Change Fund	气候变化特别基金
SCF	Strategic Climate Fund	战略气候基金
SDGs	Sustainable Development Goals	可持续发展目标
SIDS	small island developing states	小岛屿发展中国家
SREP	Scaling Up Renewable Energy in Low Income Countries Program	低收入国家可再生能源推广计划
UNCTAD	United Nations Conference on Trade and Development	联合国贸易与发展会议
UNDP	United Nations Development Programme	联合国开发计划署
UNEP	United Nations Environment Programme	联合国环境规划署
UNFCCC	United Nations Framework Convention on Climate Change	联合国气候变化框架公约
UN-REDD	United Nations Collaborative Programme on Reducing Emissions from Deforestation and Forest Degradation in Developing Countries	联合国降低发展中国家森林砍伐和退化排放合作计划
WHO	World Health Organization	世界卫生组织
WRI	World Resources Institute	世界资源研究所

第1章　气候投融资的内涵与边界

气候投融资的概念最初起源于国际气候治理资金机制，其确切定义和治理机制在国际社会仍然处于讨论、探索和演变之中，在中国的投融资实践中也仍然是一个较新的概念。本章在简要介绍气候投融资背景的基础上，论述了国内外对气候投融资概念的理解。

1.1　气候投融资背景

气候变化是当今人类可持续发展面临的最严峻的挑战之一，对经济社会发展造成的影响具有全局性、综合性和长期性的特点，应对气候变化已经成为国际社会的共识。2015年12月12日，《联合国气候变化框架公约》缔约方会议第二十一次大会在法国巴黎布尔歇会场圆满闭幕，全球195个缔约方国家通过了具有历史性的全球气候变化新协议，《巴黎协定》也成为历史上首个关于气候变化的全球性协定。《巴黎协定》指出，各方将加强对气候变化威胁的全球应对，把全球平均气温升幅控制在工业化前水平以上 2℃之内，并努力将气温升幅限制在工业化前水平以上 1.5℃之内。2016年11月4日，《巴黎协定》正式生效，这是继《京都议定书》后第二份有法律约束力的气候协议，为2020年后全球应对气候变化行动奠定了制度基础。

中国是温室气体排放大国，也是世界上受气候变化影响最为严重的国家之一，气候变化成为制约我国中长期可持续发展的重要因素。积极应对气候变化不仅能够减缓极端气候对我国的直接负面影响，而且能够促进我国经济向绿色低碳转型，对推进我国生态文明建设具有重大的现实与长远意义。在国际层面，中国在应对全球气候变化问题上的积极参与对全球应对气候变化进程起到关键性的作用。作为负责任的发展中大国，中国为《巴黎协定》的通过及生效做出了积极的贡献。在《巴黎协定》框架下，中国提出了有雄心、有力度的国家自主贡献的目标：到

2030 年左右，中国的二氧化碳排放将达到峰值，并争取尽早达峰；中国 2030 年单位国内生产总值（gross domestic product，GDP）二氧化碳排放要比 2005 年下降 60%～65%；2030 年非化石能源在总能源当中的比例提升到 20%左右；增加森林蓄积量和碳汇，到 2030 年，中国森林蓄积量比 2005 年增加 45 亿立方米。[①]这是中国政府首次就自身碳排放总量提出目标，对推进全球应对气候变化具有重要的意义。

在国内层面，党的十八大将生态文明建设纳入"五位一体"中国特色社会主义总体布局，要求"把生态文明建设放在突出地位，融入经济建设、政治建设、文化建设、社会建设各方面和全过程"[②]。这是生态文明建设的重大历史性进步，也对未来我国生态文明建设提出了新的要求。十八届五中全会首次把"绿色"作为"十三五"规划五大发展理念之一，将生态环境质量总体改善列入全面建成小康社会的新目标，这既与党的十八大将生态文明纳入"五位一体"总体布局一脉相承，也标志着生态文明建设被提高到了前所未有的高度，表明了中国未来的发展将通过绿色理念引领走向可持续[③]。"十四五"时期，我国生态文明建设进入了以降碳为重点战略方向、推动减污降碳协同增效、促进经济社会发展全面绿色转型、实现生态环境质量改善由量变到质变的关键时期。应对气候变化成为推进生态文明建设、实现高质量发展的重要抓手。

气候投融资在支持全球低碳经济发展方面将发挥关键作用。在《巴黎协定》的框架下，世界各国一方面要积极推进未来经济社会向低碳转型以减缓气候变化，同时也要提高适应气候变化的能力以应对未来的气候风险。减缓气候变化涉及经济结构调整、能源转型、低碳技术创新、工业及交通等生产生活方式调整等领域，而适应气候变化涉及农业发展、水资源开发利用、基础设施建设及人类健康等领域，实现上述减缓和适应气候变化的方方面面都需要以当前及未来大规模的投资为基础，包括基础设施投资、能力建设投资及研发投资等。为保障各国应对气候变化目标的实现，《巴黎协定》确定的综合性目标中明确要求，要提供与增强气候耐受力和低排放增长模式相适应的资金支持，使资金流向更加符合温室气体低排放和气候适应型发展的路径。尽管《巴黎协定》及其后续的马拉喀什、马德里气候大会均未能就全球气候合作的资金机制做出明确的安排，但国际金融体系却已经"自下而上"地对绿色和可持续发展的诉求做出了

---

① 《强化应对气候变化行动——中国国家自主贡献》，http://www.scio.gov.cn/xwfbh/xwbfbh/wqfbh/2015/20151119/xgbd33811/Document/1455864/1455864.htm[2021-12-10]。

② 《胡锦涛在中国共产党第十八次全国代表大会上的报告》，http://www.xinhuanet.com/18cpcnc/2012-11/17/c_113711665.htm[2021-12-10]。

③ 《中国共产党第十八届中央委员会第五次全体会议公报》，http://www.xinhuanet.com/politics/2015-10/29/c_1116983078.htm[2021-12-10]。

明确而积极的响应，成为推动全球绿色发展的重要抓手。在中国的倡议和推动下，2016 年二十国集团（G20）会议首次将绿色金融和气候合作列为重点议题，并成立"绿色金融研究小组"研究建立绿色金融体系、推动全球经济绿色转型、加强绿色金融国际合作等问题。

综上所述，气候投融资已成为当前全球应对气候变化领域的一个核心问题，气候投融资既能引导资金投向绿色低碳产业和项目，推动经济社会低碳转型，也能防范和化解气候风险，是保障实现"双碳"目标资金需求最有效的途径。2020 年 9 月 22 日，中国在第七十五届联合国大会上向全球承诺二氧化碳排放力争于 2030 年前达到峰值，努力争取 2060 年前实现碳中和，与此前我国提出的 2030 年左右实现二氧化碳排放达到峰值相比，新目标要求更高。2020 年 10 月，生态环境部等五部门印发《关于促进应对气候变化投融资的指导意见》，明确提出要更好地发挥投融资对应对气候变化的支撑作用。对于当前及未来的政策制定者而言，如何完善相应的制度、政策、法规及机制以促进全社会的资金流向气候变化领域是能否实现"双碳"目标的关键。

1.2　气候投融资概念的国际内涵

《联合国气候变化框架公约》及其他气候变化国际谈判进程和成果是建立国际气候融资和资金治理框架的重要基础和依据。1992 年通过的《联合国气候变化框架公约》为发达和发展中国家之间的融资机制建立了重要的原则：共同但有区别的责任。发达国家承诺为发展中国家提供"新的和额外的资金"（《联合国气候变化框架公约》条文 4.3），以帮助发展中国家减缓和适应气候变化。根据国际气候谈判进程中的讨论和博弈，《联合国气候变化框架公约》对气候融资的定义是指帮助发展中国家减缓和适应气候变化影响的资金。这些资金必须是相对于官方发展援助而言"额外"的资金，并覆盖相对于常规情景下发展成本的、应对气候变化的"增量成本"。此外，气候融资还应包括从依赖化石能源的经济发展轨迹过渡到低排放的气候适应型的经济发展轨迹做出的努力（如能力建设活动及技术研发活动）所付出的成本。1997 年签订的《京都议定书》和随后的多次缔约方大会达成的一系列共识和决定成为建立气候融资机制的基础。其中，CDM 帮助发达国家降低了减排成本，并在某种程度上实现发达国家向发展中国家的资金和技术转移。

政府预算是国际气候融资中公共资金的主要来源。这些公共资金一部分通过国际双边和多边机制流向发展中国家，一部分用于实现自身减排承诺。由于发展阶段的不同，发展中国家对国际资金依赖的程度产生差异化，以中国为代表的主要新兴经济体在接受一定量国际资金援助的同时，更多的通过筹措国内资金资源，推动经济和产业的转型与发展；同时，这些主要新兴经济体也与其他发展中国家开展战略性的国际合作——南南合作，将资源、市场和贸易的需求与应对气候变化有机结合，开发应对气候变化相关的技术、产品、服务和市场。最不发达国家（least developed countries，LDCs）和小岛屿发展中国家（small island developing states，SIDS）作为在气候变化中受影响较大但适应能力最欠缺的国家，是国际气候相关基金和资金的主要去向之一。

除了公共资金，《联合国气候变化框架公约》之外的私营资本通过与公共资本相似的中介——各种多边、双边机构和发展银行，或以直接投资的形式进入应对气候变化活动中，成为气候融资的主要力量。另外，以《京都议定书》为基础建立的碳市场也提供了不可忽视的资金来源，其中配额交易市场的配额拍卖收入或交易收入流向公共资金，碳抵消市场和远期初级市场的资金则通过购买 CER 为减排行为提供了直接激励。

基于气候资金来源和途径不断扩大的事实，气候政策倡议组织（Climate Policy Initiative，CPI）给出了一个比《联合国气候变化框架公约》更为广泛的定义：发达国家和发展中国家为减缓和适应项目所投入的成本被广义地称作气候融资（CPI，2011）。因此，气候融资包括从发达国家流向发展中国家的、从发展中国家流向发展中国家的、从发达国家流向发达国家的、发达国家和发展中国家各自应用于自身国内减缓和适应的气候资金（公共、私营和公私合作的资金）。CPI 和经济合作与发展组织（Organization for Economic Co-operation and Development，OECD）同时强调，这些资金必须专门用于碳减排或适应气候变化，即减缓或适应必须明确地出现在项目目标或成果当中（Buchner et al.，2011）。

1.3　国内对气候投融资概念的理解

中国的气候投融资是在应对气候变化的背景下，随着绿色金融蓬勃发展而衍生出来并日益受到关注的新概念。此前，由于缺乏统一的定义，金融资源难以有效地配置到气候投融资项目中，也给风险管理、企业沟通和政策设计带来不便。2020 年 10 月，生态环境部、国家发展改革委、中国人民银行、银保监会、证监会联合发布《关于促进应对气候变化投融资的指导意见》，首次明确了气候投融资的概念和范围，即"为实现国家自主贡献目标和低碳发展目标，引导和促进更多资金投向应对气候变化领域的投资和融资活动，是绿色金融的重要组成部分。支持范围包括减缓和适应两个方面"（生态环境部等，2020 ）。

　　气候投融资与绿色金融存在非常密切的关系。首先，气候投融资是在绿色金融的基础上衍生出来的，绿色金融的概念和范围大于气候投融资的概念和范围，绿色金融包含气候投融资。2016 年，中国人民银行、财政部、国家发展改革委等七部委共同印发了《关于构建绿色金融体系的指导意见》，明确了绿色金融的概念和范围，即"为支持环境改善、应对气候变化和资源节约高效利用的经济活动，即对环保、节能、清洁能源、绿色交通、绿色建筑等领域的项目投融资、项目运营、风险管理等所提供的金融服务"（中国人民银行等，2016 ）。由此可见，绿色金融聚焦与生态环境相关的领域（钱立华等，2019 ）。气候投融资则是在绿色金融的基础上进一步聚焦与应对气候变化相关的领域。这一定义明确地将气候投融资从绿色金融中剥离出来，聚焦在应对气候变化方面，既阐明了与绿色金融的密切关系，也凸显了其气候属性。同时，这一定义也有别于国际上对气候投融资的理解，即发达国家和发展中国家为减缓和适应项目所投入的成本，更符合我国气候投融资以气候目标为导向、兼顾投资和融资的实际情况。

　　其次，绿色金融已由我国主管部门出台政策文件，并由相关部门分工推进具体工作，形成了一定的基础，气候投融资属于后来者，是绿色金融的重要组成部分，目前也已经由权威机构发文推进相关工作。现阶段气候投融资很多工作都是在绿色金融的框架下开展的，包括气候投融资政策体系、指南标准、工具产品等。

　　再次，绿色金融的框架已经成形，在决策机构、职能部门、金融机构、企业、公众等各利益相关方中也达成了一定的共识。气候投融资在今后的发展中，可以继承和借鉴绿色金融的政策行动框架，并借助绿色金融在利益相关方尤其是金融机构中的影响力，争取将气候的概念嵌入金融机构的决策框架中，迅速起效。同时，在后续的绿色金融体制机制建设过程中，可以将气候投融资更好地与绿色金融结合，把减缓和适应气候变化放在更加突出的位置，完善气候投融资的政策标准体系、工具产品和实践应用，引导更多资金投向应对气候变化的领域。

　　最后，气候投融资也有其特殊性，主要表现在气候资金方面。由于气候变化的全球性特征，发达国家承诺向发展中国家转移部分资金用于应对气候变化。绿色金融中除气候变化外的其他方面很少有这种大规模的国际资金转移机制。当然，随着中国经济的迅速发展，这方面的资金量有缩减的趋势。

　　气候投融资和绿色金融概念之间的关系如图 1-1 所示。

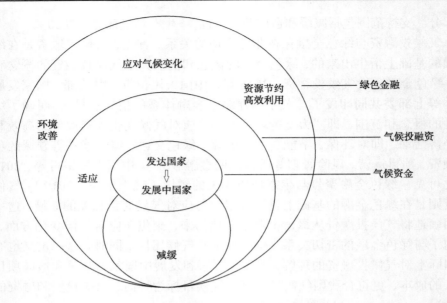

图 1-1　几个概念之间的关系示意图
资料来源：本书作者根据相关文献整理绘制

1.4　气候投融资概念的边界

气候投融资的支持范围包括减缓和适应气候变化两个方面，国际机构分别给出了减缓和适应的定义和准则（表 1-1），并提供技术指南用于项目分类。多边开发银行（Multilateral Development Banks，MDBs）和国际开发性金融俱乐部（International Development Finance Club，IDFC）的定义都是基于项目目标，并提供了减缓项目技术/活动的正面清单；经济合作与发展组织发展援助委员会（OECD Development Assistance Committee，OECD-DAC）的定义则基于项目目标及重要性程度，即以减缓或适应气候变化为"首要"或"重要"目标，并给出判定标准及示例手册。根据政府间气候变化专门委员会（Intergovernmental Panel on Climate Change，IPCC）2007 年的工作报告，减缓包括能源供应、交通运输、建筑、工业、农业、林业/森林及废弃物等领域，适应包括水、农业、基础设施、人类健康、旅游、交通运输、能源等领域。

表 1-1　主要国际机构对减缓和适应的定义及判定标准

	机构	对减缓的定义	减缓的判定标准	对适应的定义	适应的判定标准
数据收集方	MDBs	能减少或控制温室气体排放或增加温室气体封存的活动	正面活动清单	对实际或预期气候及其影响进行调整的过程，目的是减轻危害或利用有利机会。在自然系统中，是指对实际气候及其影响进行调整的过程；人为干预可能有助于调整预期气候	①证明项目目的是减少当前和/或未来的气候脆弱性；②基于现有数据和项目所处位置，确定气候脆弱性的背景，同时考虑与气候变化有关的风险和脆弱性可能产生的影响；③项目与气候脆弱性相关联
	IDFC	有助于减少或避免温室气体排放或促进温室气体封存的措施	活动必须有助于：①减少或避免温室气体排放，包括《蒙特利尔议定书》规定的气体；②保护和/或增加温室气体汇和库；③通过能力建设、加强监管或优化政策框架、开展研究，使气候变化与受援国的发展目标相结合	通过保持或增加适应能力和恢复力，减少人类或自然系统在气候变化和气候相关风险影响下的脆弱性的活动	—
	OECD-DAC	能够减少或控制温室气体排放或增加温室气体封存，使大气中温室气体浓度保持在防止危害气候系统的人为干扰水平	有助于：①减少或避免温室气体排放，包括《蒙特利尔议定书》规定的气体；②保护和/或增加温室气体汇和库；③通过能力建设、加强监管或优化政策框架、开展研究，使气候变化与受援国的发展目标相结合；④发展中国家履行《联合国气候变化框架公约》规定的义务。给出了典型活动示例手册	通过保持或增加适应能力和恢复力，减少人类或自然系统在气候变化和气候相关风险影响下的脆弱性的活动	①适应气候变化目标在活动文件中明确提出；②活动包含定义相关的具体措施。适应气候变化分析可单独进行或将其作为各机构标准程序的组成部分。给出了典型活动示例手册
	UNCTAD	减少温室气体来源或增加温室气体汇的人为干预	—	基于实际或预期的气候冲击或其影响对自然或人类系统所做的调整，以减缓危害或利用有益的机会	—
数据使用方	CPI	同 OECD-DAC（采用里约标记[1]的定义和判定标准）			
	IPCC	减少温室气体来源或增加温室气体汇的人为干预	—	适应实际或预期气候及其影响的过程。在人类系统中，适应旨在减缓危害或利用有益的机会。在自然系统中，人类干预可促进适应预期气候及其影响	—

	机构	对减缓的定义	减缓的判定标准	对适应的定义	适应的判定标准
数据使用方	UNDP	减少温室气体排放的结果、政策和活动（印度尼西亚）	—	有无气候变化两种情景下的支出（采用基于结果的方法评估）	—

注：UNCTAD 表示联合国贸易与发展会议（United Nations Conference on Trade and Development），UNDP 表示联合国开发计划署（United Nations Development Programme）

1）采用里约标记（Rio Marker）反映某项活动的气候变化主流化程度，即设定首要（2 分）、重要（1 分）、无作用（0 分）3 个等级，分别表示该活动以气候变化为首要目标、重要目标、无应对气候变化效果。

2014 年中国发布了《国家应对气候变化规划（2014—2020 年）》，提出了中国减缓和适应气候变化所涵盖的领域，如表 1-2 所示。其中减缓包括调整产业结构、优化能源结构、加强能源节约、增加森林及生态系统碳汇、控制工业领域排放、控制城乡建设领域排放、控制交通领域排放、控制农业和商业及废弃物处理领域排放、倡导低碳生活等九大领域；适应包括提高基础设施适应能力、加强水资源管理和设施建设、提高农业与林业适应能力、提高海洋和海岸带适应能力、提高生态脆弱地区适应能力、提高人群健康领域适应能力、加强防灾减灾体系建设等七大领域。相较而言，中国减缓和适应气候变化所涵盖的领域更为广泛、内涵更为丰富，涉及产业结构、能源结构、非能源活动、生活消费、基础设施建设及能力建设等诸多方面，能够更好地促进气候投融资融入我国经济社会发展各方面和全过程。根据《关于促进应对气候变化投融资的指导意见》（环气候〔2020〕57 号），气候投融资支持范围包括减缓和适应两个方面。其中，减缓气候变化包括：调整产业结构，积极发展战略性新兴产业；优化能源结构，大力发展非化石能源；开展碳捕集、利用与封存试点示范；控制工业、农业、废弃物处理等非能源活动温室气体排放；增加森林、草原及其他碳汇等。适应气候变化包括：提高农业、水资源、林业和生态系统、海洋、气象、防灾减灾救灾等重点领域适应能力；加强适应基础能力建设，加快基础设施建设、提高科技能力等。

表 1-2　中国减缓和适应气候变化的领域边界

所属领域		举措
一、减缓气候变化	1. 调整产业结构	1）抑制高碳行业过快增长 2）推动传统制造业优化升级 3）大力发展战略性新兴产业和服务业

续表

所属领域		举措
一、减缓气候变化	2. 优化能源结构	1）调整化石能源结构 2）有序发展水电 3）安全高效核电 4）大力开发风电 5）推进太阳能多元化利用 6）发展生物质能 7）推动其他可再生能源利用
	3. 加强能源节约	1）控制能源消费总量 2）加强重点领域节能 3）大力发展循环经济
	4. 增加森林及生态系统碳汇	1）增加森林碳汇 2）增加农田、草原和湿地碳汇
	5. 控制工业领域排放	1）能源工业 2）钢铁工业 3）建材工业 4）化工工业 5）有色工业 6）轻纺工业
	6. 控制城乡建设领域排放	1）优化城市功能布局 2）强化城市低碳化建设和管理 3）发展绿色建筑
	7. 控制交通领域排放	1）城市交通 2）公路运输 3）铁路运输 4）水路运输 5）航空运输
	8. 控制农业、商业和废弃物处理领域排放	1）控制农业生产活动排放 2）控制商业和公共机构排放 3）控制废弃物处理领域排放
	9. 倡导低碳生活	1）鼓励低碳消费 2）开展低碳生活专项行动 3）倡导低碳出行
二、适应气候变化	1. 提高城乡基础设施适应能力	1）城乡建设 2）水利设施 3）交通设施 4）能源设施
	2. 加强水资源管理和设施建设	1）加强水资源管理 2）加快水资源利用设施建设
	3. 提高农业与林业适应能力	1）种植业 2）林业 3）畜牧业

所属领域		举措
二、适应气候变化	4. 提高海洋和海岸带适应能力	1）加强海洋灾害防护能力建设 2）加强海岸带综合管理 3）保障海洋生态系统监测和修复 4）保障海岛与海礁安全
	5. 提高生态脆弱地区适应能力	1）推进农牧交错带与高寒草地生态建设和综合治理 2）开展黄土高原和西北荒漠区综合治理 3）开展石漠化地区综合治理
	6. 提高人群健康领域适应能力	1）加强气候变化对人群健康影响评估 2）制定气候变化影响人群健康应急预案
	7. 加强防灾减灾体系建设	1）加强预测预报和综合预警系统建设 2）健全气候变化风险管理机制 3）加强气候灾害管理

第2章　国际气候投融资体系现状

《联合国气候变化框架公约》及其他气候变化国际谈判进程和成果是建立国际气候融资和资金治理框架的重要基础和依据，随着气候谈判进程的持续推进，全球气候投融资机制逐步完善。本章主要介绍了国际气候投融资体系现状，重点分析了国际气候资金的来源和流向。

2.1　国际气候投融资体系的发展历程

自 20 世纪 80 年代以来，气候变化问题逐渐引起国际社会的密切关注。为将全球平均温升控制在 2℃ 以内，减少气温变化带来的不利影响，全球在《联合国气候变化框架公约》下推进应对气候变化进程。《联合国气候变化框架公约》及其他气候变化国际谈判进程和成果由此成为建立国际气候融资和资金治理框架的重要基础和依据。从气候融资的演变过程来看，气候投融资源于发达国家和发展中国家不同的历史责任和应对气候变化的能力，在共同但有区别的责任的原则下，发达国家承诺为发展中国家采取行动提供资金、技术和能力建设支持。随着气候谈判进程的持续推进，全球气候投融资机制也逐步完善，具体的政策里程，如表 2-1 所示（谭显春等，2021）。

表 2-1　《联合国气候变化框架公约》下气候融资的政策里程碑

年份	公约协定	相关政策
1992	《联合国气候变化框架公约》	建立了气候融资的强制性原则：共同但有区别的责任
1994	《联合国气候变化框架公约》生效	将全球环境基金（Global Environment Facility，GEF）作为《联合国气候变化框架公约》的资金机制
1997	《京都议定书》	提供新资金来源的创新机制：通过 CDM 的 CER 融资
2001	《马拉喀什协定》	建立了气候变化特别基金（Special Climate Change Fund，SCCF），最不发达国家基金（Least Developed Countries Fund，LDCF）
2007	《巴厘行动计划》	达成了"双轨制"谈判路线图，其中包括建立《京都议定书》下成立的适应基金所需的资金支持

续表

年份	公约协定	相关政策
2009	《哥本哈根协议》	发达国家承诺了快速启动资金和长期供资目标。提出了建立绿色气候基金（Green Climate Fund，GCF）
2010	《坎昆协议》	建立了快速启动资金和长期资金机制；成立了 GCF 作为《联合国气候变化框架公约》的资金机制之一
2011	《基金治理导则》	德班气候大会同意批准《基金治理导则》并要求尽快启动 GCF
2015	《巴黎协定》	提出气候资金的发展目标：使资金流动符合温室气体低排放和气候适应型发展的路径。要求发达国家在 2025 年前向发展中国家提供每年最低 1000 亿美元

1992 年国际社会签署的《联合国气候变化框架公约》建立了发达国家和发展中国家之间融资机制的重要原则：共同但有区别的责任。1994 年《联合国气候变化框架公约》生效后，GEF 成为《联合国气候变化框架公约》下国际气候资金机制的运营实体，是全球气候融资的主要集中渠道，开启了全球气候投融资的发展历程。1997 年签订的《京都议定书》进一步引入了三大机制：联合履行（joint implementation，JI，第 6 条）、CDM（第 12 条）和排放贸易（emission trading，ET，第 17 条），其中 CDM 帮助发达国家降低了减排成本，并在某种程度上实现了发达国家向发展中国家的资金和技术转移。

2001 年之后，由于气候谈判局势的变化，资金机制迎来重大发展机遇。2001 年，《联合国气候变化框架公约》下设由 GEF 托管的 SCCF 和 LDCF。2007 年巴厘气候大会出台了《巴厘行动计划》，是气候金融的里程碑，同时成立了气候适应基金（Adaptation Fund，AF）支持发展中国家适应气候变化。2009 年《哥本哈根协议》提出，发达国家承诺 2010～2012 年提供 300 亿美元的快速启动资金，并在 2020 年实现每年 1000 亿美元的资金支持目标。2010 年的坎昆会议不仅确定了这些内容，还决定建立 GCF 作为《联合国气候变化框架公约》核心资金机制之一，管理这些资金的应用。2011 年的德班气候大会则同意批准《基金治理导则》并要求尽快启动 GCF。2015 年底 GCF 批准了首个项目，截至 2018 年，GCF 的实施合作伙伴网络已发展到 75 个成员，共批准了 93 个项目，资金额为 46 亿美元。2015 年达成的《巴黎协定》确定了 2020 年后的全球气候治理模式，对资金条款的具体安排也有一定的突破，具有进步意义。

2.2 国际气候资金的来源

2.2.1 总体情况

国际气候资金主要来源于公共资金和私人部门。其中，《联合国气候变化框架公约》下的资金机制，如 GEF、GCF 及公约外的气候投资基金（Climate Investment Funds，CIFs）均是公共资金的主要来源。此外，气候资金的转移还包括以世界银行为首的全球性 MDBs 和区域性 MDBs，以及法国开发署（Agence Française de Développement，AFD）、德国复兴信贷银行（Kreditanstalt für Wiederaufbau，KfW）等双边开发银行的投资活动、南南合作援助基金等多边活动、政策性银行、政策性基金和政策性保险等（刘倩等，2015；潘寻和朱留财，2016）。公共资金通过公约下的资金机制、双边和多边融资机制实现资金的支持，资本市场主要用于对可再生能源技术领域的资金支持，碳市场通过配额拍卖与交易实现融资支持。

1. 《联合国气候变化框架公约》下的资金机制在《联合国气候变化框架公约》缔约方会议的指导下不断完善

GEF 是唯一的国际环境公约综合性资金机制，公约缔约方在利马会议和巴黎气候变化大会上都对 GEF 提出了指导方针，促使 GEF 进一步发挥其综合性基金的优势，与新成立的 GCF 错位发展。同时，2015 年投入运作的 GCF 也根据巴黎气候变化大会的指导确定了所有投资决策，旨在引导"一个用于适应改变的新多边基金的重要份额"。

2. CIFs 已拥有了成熟的治理模式

CIFs 的建立标志着气候资金正式进入最具影响力国家的决策部门的视野，成为其经济和发展决策及投资战略的重要组成部分。CIFs 把直接投资和联合投资作为每一个项目的两个关键衡量指标，重视撬动私营部门资金或受援国资金，重视与国际多边金融机构的力量形成合力，扩大资助额的影响效应。在 CIFs 下已形成了一套较为成熟的治理模式和运营规则，且参与其中的无论是捐资的发达国家还是受资的发展中国家，均能较好地体现其政治意愿和经济诉求，另外，作为框架外的资金机制，CIFs 的规则建立和运营都表现出了较高的效率。

3. 多边银行成为转移气候资金的主要机构

多边金融机构能够提供低息贷款和赠款，与商业融资相比，其更有利于带来额外的气候效益，弥补商业气候投融资的不足。根据《2019 年多边开发银行气候融资联合报告》，2019 年，全球 7 家最大的 MDBs[①]气候融资总额共计约 616 亿美元，其中 415 亿美元（67%）用于中低收入经济体。其中，2019 年融资总额的 76%（约 466 亿美元）投资于减缓气候变化活动，其中 59% 流向中低收入经济体。其

---

① 7 家最大的 MDBs 为：非洲开发银行、亚洲开发银行、欧洲复兴开发银行、欧洲投资银行、美洲开发银行、世界银行和伊斯兰开发银行。

余 24%（约 150 亿美元）用于适应气候变化活动，其中 93%用于中低收入经济体（AfDB et al.，2020）。

4. 世界银行发挥了举足轻重的作用

世界银行是众多气候资金机制的托管机构，并在全世界范围内大力推动了应对气候变化项目的落地。巴黎气候变化大会期间，世界银行和国际货币基金组织（International Monetary Fund，IMF）发起碳定价领导联盟，积极响应的主要地区包括墨西哥、德国、法国、智利和美国加利福尼亚州等，以及全球 90 个私人部门机构和非政府组织。联盟承诺共同努力，以克服政治障碍，推进碳价格在全球的运用，从而对抑制碳排放产生实质影响。2016 年，世界银行和 GEF 推出了新的数百万美元的融资用于建设"可持续城市全球平台"（Global Platform for Sustainable Cities，GPSC）。该项融资的目标是在五年内募集 15 亿美元用于城市可持续发展项目的一部分。可持续发展城市项目主要在 11 个发展中国家展开，包括中国、巴西、印度、科特迪瓦、马来西亚、墨西哥、巴拉圭、秘鲁、塞内加尔、南非和越南。

在发展中国家和发达国家之间，目前有两条已实践的应对气候变化国际合作资金机制和融资渠道：一是以 GEF 为代表的气候公约下的资金机制；二是《京都议定书》下支持发达国家低成本减排的 CDM。同时，在 2009 年哥本哈根联合国气候变化大会上，发达国家做出承诺，在 2020 年之前，每年共同筹集 1000 亿美元来满足发展中国家应对气候变化的需要，并承诺从 2010 年到 2012 年向发展中国家提供总额为 300 亿美元的快速启动资金，但始终未能兑现此承诺。

全球气候融资的实践情况及所存在的问题主要有以下几个方面：①气候公约下的资金机制是国际气候资金主渠道来源，但资金量严重不足；②早期的 CDM 为发展中国家提供了大量气候资金，但在 2012 年 CDM 市场价格暴跌之后，CDM 项目交易趋于稳定，未来充满不确定性；③国际金融组织带动了大量气候资金流向发展中国家，但决策权较为集中；④300 亿美元的快速启动资金并未落实，资金分配未完全满足要求；⑤2020 年前每年 1000 亿美元的融资渠道已明确，但多数资金来源并不确定且资金承诺并未兑现。

2.2.2　公共资金机制

国际公共气候资金主要来源于《联合国气候变化框架公约》和《巴黎协定》资金机制内的资金和资金机制外的多边资金，也越来越多地来源于双边渠道及区域和国家气候变化资金。以下分别介绍多边渠道、双边渠道及区域和国家渠道。

1. 气候投融资的多边渠道

气候投融资的多边渠道包括公约下的资金渠道和公约外的资金渠道，其中公约下的资金渠道主要有 GEF、LDCF、SCCF、AF、GCF 等。

GEF 成立于 1991 年，是《联合国气候变化框架公约》和《巴黎协定》资金机制的运营实体，在环境资金方面拥有悠久的历史。GEF 也是生物多样性和荒漠化公约等其他几项公约的资金机制。GEF 基于资金投入对环境的影响程度将资金分配给包括气候变化在内的多个重点领域，且要确保所有发展中国家都能获得资金。在 GEF 第六次增资期间（2014～2018 年），GEF 将其支持领域从可持续发展城市、土地利用和森林等转向包括气候变化在内的多个重点领域，共有 30 个国家捐助了44.3 亿美元，其中 12.6 亿美元用于应对气候变化。第七次增资期间（2019～2022年），近 30 个国家捐助了 41 亿美元，其中用于生物多样性和土地退化的资金增加了，但用于应对气候变化的资金减少到约 9 亿美元（反映出 GCF 的作用日益增强）。截至 2018 年 11 月，GEF 共批准了 1000 多个应对气候变化领域的项目，金额达36 亿美元。

GEF 还在《联合国气候变化框架公约》缔约方会议的指导下管理 LDCF 和 SCCF，主要是通过小规模项目（每个国家最高资助额为 2000 万美元）支持国家适应计划的制订和实施。截至 2018 年 11 月，LDCF 和 SCCF 已累计向 100 多个国家或地区提供了 5.32 亿美元和 1.87 亿美元的资金支持。

AF 将《京都议定书》CDM 减排量收入的 2%作为资金来源。《巴黎协定》正在考虑开发新的碳市场机制来获取类似的资金。但是，在低碳价格时期，AF 越来越依赖发达国家的赠款维持生计。自 2009 年投入运营以来，累计收入 7.56 亿美元，累计提供项目支持 3.06 亿美元。AF 率先通过能够满足信托、环境、社会和性别标准的国家实施主体直接向发展中国家提供气候融资，而不是完全依赖联合国机构或 MDBs 作为实施机构。

GCF 在德班会议通过，并于 2015 年底批准了首个项目，现已全面投入运营。GCF 和 GEF 一样也是《联合国气候变化框架公约》和《巴黎协定》资金机制的运营实体。预计 GCF 将成为国际公共气候资金的主要渠道，并旨在以国家驱动的方式资助发展中国家向适应气候变化和低碳发展转变，且促使减缓和适应资金平衡分配（50：50）。GCF 启动阶段共筹集了 103 亿美元，发展中国家可以通过 MDBs、国际商业银行、联合国机构及国家实施主体来与 GCF 对接。截至 2018 年 11 月，GCF 的实施合作伙伴网络已发展到 75 个成员，共批准了 93 个项目，资金额为 46亿美元。

公约外多边渠道主要包括 CIFs、MDBs、联合国机构等。CIFs 成立于 2008年，由世界银行管理，与非洲开发银行（African Development Bank，AfDB）、亚洲开发银行（Asian Development Bank，ADB）、欧洲复兴开发银行（European Bank for Reconstruction and Development，EBRD）和美洲开发银行（Inter-American Development Bank，IDB）等区域开发银行合作运营。CIFs 为特定的发展中国家提供计划性干预措施，目的是最优化地部署公共财政以帮助其转变发展轨迹。截至 2018 年 11 月，CIFs 的总承诺资金为 80.8 亿美元，用于清洁技术基金（Clean Technology Fund，CTF）和战略气候基金（Strategic Climate Fund，SCF）。其中 SCF 由气候复原力试点计划（Pilot Program for Climate Resilience，PPCR）、森林投资计划（Forest Investment Programme，FIP）和低收入国家可再生能源推广计划（Scaling Up Renewable Energy in Low Income Countries Program，SREP）组成。

MDBs 在提供多边气候融资中发挥着重要作用，仅 2017 年就做出了 352 亿美元的气候融资承诺（AfDB et al.，2018）。MDBs 将气候变化因素纳入其核心贷款和业务中，并管理区域或专门的气候融资计划。其中，世界银行的碳融资部门建立了森林碳伙伴基金（Forest Carbon Partnership Facility，FCPF），探索利用碳市场收入减少毁林和森林退化、森林保护、可持续森林管理及增加森林碳储量（reducing emissions from deforestation and forest degradation, plus the sustainable management of forests, and the conservation and enhancement of forest carbon stocks，REDD+）；管理旨在帮助发展中国家建立应对气候变化市场机制的市场准备伙伴关系（partnership for market readiness，PMR）；管理生物碳基金（公私合作伙伴关系，筹集资金用于土地利用固碳）。欧洲投资银行管理欧盟全球能源效率和可再生能源基金（Global Energy Efficiency and Renewable Energy Fund，GEEREF）。非洲开发银行还通过德国资助的非洲气候变化基金（Africa Climate Change Fund，ACCF）为非洲国家加强气候投融资准备工作提供资金，该基金的首个项目于 2015 年获得批准。此外，非洲开发银行还是非洲可再生能源倡议（African Renewable Energy Initiative，AREI）的受托人，管理规模达 100 亿美元的 AREI 信托基金。

MDBs 和联合国机构都是 GEF、SCCF、LDCF、AF 和 GCF 的实施主体。联合国机构像 MDBs 一样，通常担任气候投融资管理方或中介机构。联合国降低发展中国家森林砍伐和退化排放合作计划（United Nations Collaborative Programme on Reducing Emissions from Deforestation and Forest Degradation in Developing Countries，UN-REDD）于 2008 年开始运作，由 UNDP、联合国环境规划署（United Nations Environment Programme，UNEP）和联合国粮食及农业组织（Food and Agriculture Organization of the United Nations，FAO）合作支持 REDD+活动，其治理结构使民间社会和土著人民组织的代表也参与其中。国际农业发展基金（International Fund for Agricultural Development，IFAD）管理小型农户适应项目（Adaptation for Smallholder Agriculture Programme，ASAP），该计划的目的是提高小农在农村发展计划中适应气候变化的水平。

2. 气候投融资的双边渠道

虽然许多国家设立了专门的双边气候基金，但双边公共气候资金的很大一部分是通过开发机构管理和支出的。根据《联合国气候变化框架公约》发布的资金追踪报告，2015～2016 年，发达国家每年通过双边渠道向发展中国家提供317 亿美元，此外还通过气候基金和开发金融机构提供资金；OECD 发展援助委员会报告的与气候相关的官方发展援助平均每年为 303 亿美元（UNFCCC，2018）。

自 2008 年成立以来，德国国际气候倡议（International Climate Initiative，IKI）累计为 500 多个减缓、适应、REDD+项目提供了 26 亿美元的资金。IKI 的部分资金是通过出售国家可交易排放证书而提供的。英国政府承诺在 2021 年前向其国际气候基金（International Climate Fund，ICF）投入 58 亿英镑，英国还与德国和丹麦等国共同支持发展中国家和新兴经济体的全国性适当减缓行动（Nationally Appropriate Mitigation Actions，NAMA）。德国、英国和丹麦还共同支持由德国联邦环境部、自然保护与核安全部和 KfW 管理的全球气候伙伴基金（Global Climate Partnership Fund，GCPF），通过公私合营推动可再生能源和能源效率发展。德国和英国也支持 REDD 早期行动者（REDD Early Movers，REM）计划。自 2008 年以来，挪威的国际森林气候倡议承诺每年通过双边伙伴关系、多边渠道和民间社会提供 3.5 亿美元，为巴西、印度尼西亚、坦桑尼亚和圭亚那的 REDD +活动做出了重要贡献。

3. 区域和国家渠道

一些发展中国家已经建立了各种形式和功能的区域和国家渠道，并通过国际资金和国内预算拨款及国内私营部门获得资金支持。其中，印度尼西亚气候变化信托基金（Indonesia Climate Change Trust Fund，ICCTF）是最早建立的机构之一。巴西的亚马孙基金是最大的国家气候基金，由巴西国家开发银行（Brazilian Development Bank，BNDES）管理，由挪威承诺提供超过 10 亿美元的资金。孟加拉国、贝宁、柬埔寨、埃塞俄比亚、圭亚那、马尔代夫、马里、墨西哥、菲律宾、卢旺达和南非也有国家气候变化基金。有些国家在气候变化战略和行动计划中提出了设立国家气候变化基金。国家气候变化基金具有独立的治理结构，透明性和包容性较高，并且可以将资金快速引导至适合于国情并符合国家优先事项的项目。但是，这些基金对加强国家所有权和协调度的影响尚待观察，且基金筹集的资金总额通常很少。

同时，许多发展中国家开始将气候风险纳入其国家财政框架，并监测与气候相关的支出。2007 年，加勒比巨灾风险保险基金（Caribbean Catastrophe Risk

Insurance Facility，CCRIF）在世界银行和其他发展伙伴的支持下成立，现在也由发展中国家的保险提供资金。CCRIF 由 16 个成员国组成风险池，提供参数保险。类似的机制还有非洲风险能力（African Risk Capacity，ARC）等。

2.3　国际气候资金的流向

2.3.1　总体情况

随着应对气候变化工作的深入推进，国际气候资金的规模不断扩大，CPI 分析研究了 2017～2018 年度国际气候资金的整体情况，如图 2-1 所示（Buchner et al.，2019）。

根据 CPI 的研究报告，2017 年和 2018 年气候融资额首次突破了万亿美元大关。2017～2018 年度，年平均资金流量增加到 5790 亿美元，比 2015～2016 年度增加 1160 亿美元（25%）。2017～2018 年度，公共部门投入的年均气候融资总额为 2530 亿美元，占资金总额的 44%。其中，国内、双边和多边发展金融机构（Development Finance Institution，DFI）是公共财政的主要来源，并在 2017～2018 年度增加了其资金额度，但 2018 年经济形势导致一些主要参与者减少了投资。2017～2018 年度政府及政府机构的气候融资额度翻了一番，达到 370 亿美元。2017～2018 年度私人部门年均融资总额为 3260 亿美元，仍然占气候融资的大部分（约 56%）。其中，公司仍然是私人投资的最主要来源，但商业金融机构的融资作用显著提升，相比 2015～2016 年度增加了 51%。机构投资者和较小型基金的融资也比 2015～2016 年度增长了四倍多。

从气候投融资工具来看，第一大类工具为贷款，其中市场利率贷款是 2017～2018 年度融资最高的金融工具，融资额度为平均每年 3160 亿美元，其中项目级别市场利率贷款 2230 亿美元，资产负债表贷款 930 亿美元。此外还有 640 亿美元的低成本项目贷款，故 2017～2018 年度气候融资的贷款总额为平均每年 3800 亿美元，占所有融资的 66%。几乎所有的低成本项目贷款（93%）都来自公共资源，因为 DFIs 为与气候相关的项目提供了大量的优惠贷款。第二大类工具为股权，2017～2018 年度平均每年 1690 亿美元，占融资总额的 29%。其中资产负债表股权 1250 亿美元，项目级别股权 440 亿美元。第三大类工具为赠款，2017～2018 年度每年赠款额度为 290 亿美元，占气候融资总额的 5%，赠款基本都来自公共部门。

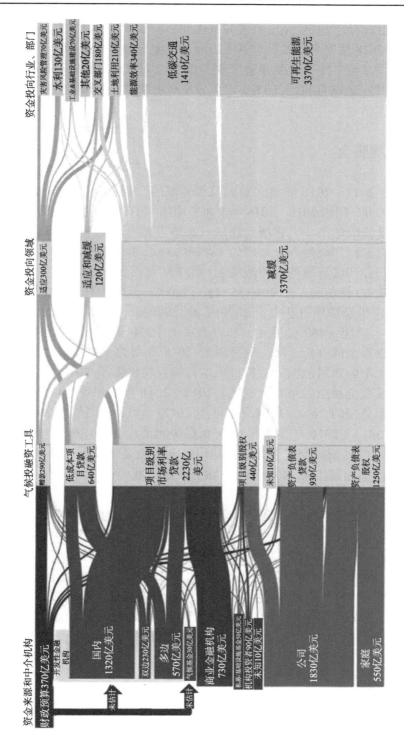

图2-1　2017～2018年度国际气候资金流向

图中数据为2017年和2018年两年的平均值，以亿美元计

　　从资金使用来看，气候资金主要流向减缓和适应领域，其中绝大多数投向减缓领域，2017～2018 年度平均每年 5370 亿美元，占比 93%；年均适应资金约 300 亿美元，占比约 5%；具有减缓和适应效益的资金占比从 2015～2016 年度的 1.2%上升至 2017～2018 年度的 2.1%。以下分别阐述减缓资金和适应资金的具体情况。

2.3.2　减缓资金

　　如前所述，2017～2018 年度，投向减缓领域的气候资金为平均每年 5370 亿美元，约占 93%，相比 2015～2016 年度每年增加 1010 亿美元。首先，可再生能源是减缓资金投向的第一大领域，2017～2018 年度年均融资 3370 亿美元，分别占气候资金总额和减缓资金总额的 58%和 63%。由于新增产能的激增（尤其是中国、美国和印度新增产能的激增），2017 年可再生能源融资规模达到了历史最高水平 3500 亿美元，比 2016 年增长了 30%。其中，中国的投资增长最高，2017 年可再生能源项目获得了 1570 亿美元的融资，主要用于太阳能光伏（730 亿美元）、风能（480 亿美元）和大型水电（220 亿美元）。2018 年可再生能源发电的投资金额有所下降，这是因为 2018 年可再生能源技术的平均成本持续下降，太阳能和风能项目的装机成本与能源均价低于 2017 年。其次，低碳交通是减缓资金投向的第二大领域，2017～2018 年度年均融资 1410 亿美元，占减缓资金总额的 26%。低碳交通也是 2017～2018 年度气候融资增长最快的部门，从 2015～2016 年度的年均 920 亿美元增加到 2017～2018 年度的 1400 亿美元。同时，低碳交通还是公共部门资金在减缓领域投入最多的领域，2017～2018 年度平均每年为 940 亿美元，占公共部门减缓资金的 44%，如图 2-2 所示。

　　与公共部门减缓资金专注于低碳交通领域不同，私人部门减缓资金主要流向可再生能源发电领域，平均每年融资额为 2780 亿美元，占 2017～2018 年度私人部门减缓资金的 85%。私人部门减缓资金投向的第二大行业是低碳交通，每年达到 470 亿美元（14%），其中家庭购买电动汽车的支出最多，为 320 亿美元（68%），此外，城市交通（13%）和重型铁路（12%）也是低碳交通支持的主要领域。虽然可再生能源占私人部门减缓资金的比重最高，但低碳交通领域资金的增长更快，从 2015～2016 年度到 2017～2018 年度，交通融资增长了三倍多，而可再生能源的增幅仅为 16%。

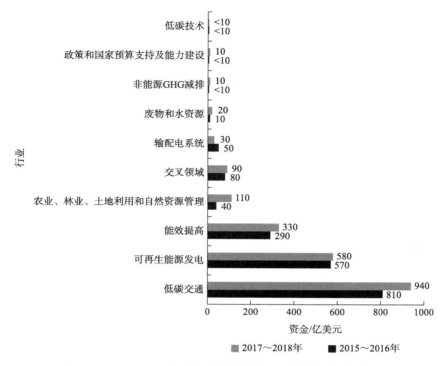

图 2-2　2015～2018 年度公共部门资金在减缓领域的应用情况

2.3.3　适应资金

2017～2018 年度，全球气候资金中投向适应领域的资金近 300 亿美元，占比仅有 5%，减缓与适应领域资金分布极不均匀。但总体来看，气候适应公共资金呈现逐年增加的趋势，适应资金从 2015～2016 年度的年均 220 亿美元增加到 2017～2018 年度的年均约 300 亿美元，增长了 35%。然而，根据现有的数据来源，适应资金仍然远远达不到 2020～2030 年度每年 1800 亿美元的全球适应融资要求和非附件 I 国家实现其国家自主贡献（Nationally Determined Contributions，NDCs）目标所需的每年 500 亿美元（Global Commission on Adaptation，2019；UNEP，2018）。

不同国家适应进程和资金投入是不同的，相对来说，发展中国家中的小岛屿国家与最不发达国家适应气候变化的进程更为紧迫，与适应资金的需求相比减缓领域较大，但鉴于国家经济发展水平有限，资金量远远不能满足需求，发达国家为争取更多的国际话语权自愿提供相应的气候援助，这部分资金可视为国际公共适应资金。适应资金的转移媒介主要为多边气候基金、双边气候基金、开发性金融机构、其他国际组织、保险等（表 2-2），而国家内部公共资金主要来自直接财政拨款、国有企业和投资机构、政策性基金和政策性银行等（IPCC，2014）。私人适应资金主要来源于发达国家和发展中国家的诸如银行、私募等金融机构及慈善基金等，如 2019 年 9 月，欧洲复兴开发银行首次发行累计 7 亿美元的气候适应性债券，以支持用于气候适应项目的投资活动。保险和风险共担机制为气候适应提供的资金也越来越多。国际社会高度关注如何创新保险机制，使脆弱的发展中国家有能力承担保费，并将其作为恢复政府运行职能与组织灾后重建、为气候适应提供资金的重要途径（Hall，2017）。CCRIF 和 ARC 项目是帮助脆弱发展中国家应对巨灾风险具有示范效应的重要经验，引导成员国加大对气候适应政策、规划和其他增强气候弹性的措施的支持。

表 2-2　国际气候适应资金的转移媒介

资金性质		转移媒介	
公共资金	多边气候基金	《联合国气候变化框架公约》框架内	AF、SCCF、LDCF、GCF
		《联合国气候变化框架公约》框架外	气候弹性试点项目、小型农户适应项目
	双边气候基金		英国国际气候基金、德国国际气候倡议等
	开发性金融机构		KfW、AFD、亚洲开发银行、非洲开发银行、欧洲投资银行、欧洲复兴开发银行、美洲开发银行、世界银行、亚洲基础建设投资银行
	其他国际组织		UNDP、联合国环境规划署等
	保险		CCRIF、ARC 项目
私人资金			银行、私募等金融机构及慈善基金等

从资金类型来看，双边资金对适应领域的支持在各渠道中相对较高，在 2015～2016 年度年均 317 亿美元的气候资金规模中，适应资金占比 29%，减缓资金占比 50%；其次为多边气候基金，适应资金占比 25%，减缓资金占比 53%；多边开发银行占比相对最低，在 2015～2016 年度的年均 244 亿美元的规模中，适应资金占比 21%，减缓资金占比 79%。近年来，在发展中国家的呼吁和努力下，双边和多边气候基金均开始加大对适应领域的支持，GCF 也明确规定，资金将在减缓和适应领域平衡分配。

从国别来看，英、法、德、美、日为气候资金主要援助者，其融资工具包括低息贷款、赠款和优惠贷款等。2014 年以低息贷款提供的适应资金占国际公共适应资金总额的 72%，其次是市场利率贷款，约占 26%。具体来讲，双边发展机构主要以低息贷款提供适应资金（80%），官方发展援助以赠款（66%）和贷款（32%）提供适应资金，而多边发展机构主要以市场利率贷款提供适应资金（84%）。从资金的流向来看，在 2015～2016 年度用于适应的赠款资金的总额中，最不发达国家获得了 48%，且资金主要以赠款的形式获取；公共适应资金相当平均地分布在三个部门：水和废水管理（32%）、农业和土地使用（24%）、灾害风险管理（22%），占适应资金总额的 78%，即每年 230 亿美元。

　　总体来说，适应资金更多的来源于公共机构，包括发达国家流向发展中国家的气候援助和国家内部为适应气候变化而制定的官方预算、财政资金等。私人机构资金来源较为欠缺，主要因为相对于减缓领域而言，适应领域投资回报率较低，对私人机构的吸引力较弱，所以私人资金投入较少，未来可以考虑采取一定的措施吸引更多的私人机构参与适应投资。此外，开发新的气候资金来源势在必行，如航运和航空碳定价、金融交易税和化石燃料开采税，这对于帮助解决现有资金水平与不断增长的需求之间不断扩大的巨大差距至关重要，此外还可以将国内或区域碳定价或碳市场，包括将欧盟排放交易系统的收入分配给气候融资。

　　本书还以英、德、中三国为案例，分析其气候适应资金机制，详见附录 1。

第3章　我国气候投融资体系现状

近年来，在国家及相关部门的大力支持下，我国气候投融资取得了积极进展，气候投融资体制机制日趋完善，气候投融资政策体系逐步建立，全国碳市场建设稳步推进，地方实践不断丰富。目前，我国气候投融资体系基本形成了"以实现国家自主贡献目标和低碳发展目标为导向、以政策标准体系为支撑、以模式创新和地方实践为路径"的工作格局。本章从总体进展、管理体制、制度体系、资金来源和资金使用等方面介绍我国气候投融资体系现状。

3.1　我国气候投融资体系建设进展

3.1.1　我国气候投融资发展历程

近年来，得益于国家相关部门的支持和政策文件的发布，我国在气候投融资领域开展了积极探索，为推动气候投融资机制建设奠定了重要基础（马骏，2016；危平和舒浩，2018）。目前，我国气候投融资体系基本呈现"以实现国家自主贡献目标和低碳发展目标为导向、以政策标准体系为支撑、以模式创新和地方实践为路径"的工作格局。

一是气候投融资的体制机制日趋完善。国务院印发的《"十三五"控制温室气体排放工作方案》中着重提出了出台综合配套政策，完善气候投融资机制，更好发挥中国 CDM 基金作用，积极运用政府和社会资本合作（public-private partnership，PPP）模式及绿色债券等手段，支持应对气候变化和低碳发展工作，同时提出要在"十三五"期间"以投资政策引导、强化金融支持为重点，推动开展气候投融资试点工作"。在七部委联合印发的《关于构建绿色金融体系的指导意见》中共有 20 处提到了"气候"或"碳"，这表明要完善环境权益交易市场，丰富融资工具，并专门论述到"发展各类碳金融产品"，既包括碳期货、碳基金等碳金融产品与衍生工具，也包括碳排放权及其期货交易。2018 年机构改革后，新组建的国家应对气候变化及节能减排领导小组成员单位中增加了中国人民银行，为金融政策与应对气候变化的结合创造了有利条件。2019 年 10 月，生态环境部、中国人民银行、银保监会、国家发展改革委、财政部共同推动成立了中国环境科学学会气候投融资专业委员会，打造促进产融对接的气候投融资学术交流平台，为推动气候投融资工作提供有力的支撑。2020 年 10 月生态环境部、国家发展改革委、中国人民银行、银保监会及证监会联合发布的《关于促进应对气候变化投融资的指导意见》以及 2021 年 12 月生态环境部、国家发展改革委、工业和信息化部、住房和城乡建设部、中国人民银行等九部门联合发布的《气候投融资试点工作方案》对我国气候投融资体系建设具有里程碑的意义，涉及政策体系、标准体系、资金引入、地方实践、国际合作以及实施保障手段六部分，将进一步推动气候变化有关投资、融资和风险管理活动的发展。

二是在绿色金融框架下逐步建立气候投融资政策体系。"十三五"以来，我国逐步建立了绿色金融标准体系，包括绿色金融通用基础标准、绿色债券标准、绿色金融信息披露标准及绿色金融机构评价标准，并且形成了以绿色信贷为主导、多种绿色金融工具不断创新发展的工具体系。2017 年 5 月，中国人民银行等四部委联合发布了《金融业标准化体系建设发展规划（2016—2020 年）》，提出加快研究制定包括绿色债券标准在内的绿色金融产品和服务等一系列标准。2019 年发布的《绿色产业指导目录（2019 年版）》、2021 年发布的《绿色债券支持项目目录（2021 年版）》和《银行业金融机构绿色金融评价方案》分别对绿色产业和项目、绿色债券标准、绿色金融绩效评价进行了界定，绿色金融标准化取得突破进展。在绿色金融政策的指引下，我国还出台了很多引导资金流向节能环保、清洁能源、基础设施升级等应对气候变化领域的政策，如我国基本建立了以《绿色信贷指引》为核心的绿色信贷制度框架。

三是积极推动碳市场建设。早在 2011 年，国家发展改革委就批准启动了北京、天津、上海、重庆、湖北、广东、深圳等 7 个省市的碳排放权交易试点工作，为全国碳市场建设提供了先行示范和经验。在试点碳市场运行基础上，我国于 2017 年 12 月宣布启动全国碳排放权交易体系，并发布了《全国碳排放权交易市场建设方案（发电行业）》。2020 年 12 月，生态环境部发布了《2019—2020 年全国碳排放权交易配额总量设定与分配实施方案（发电行业）》和《纳入 2019—2020 年全国碳排放权交易配额管理的重点排放单位名单》，并做好了发电行业配额预分配工作的通知。2021 年 1 月，生态环境部正式印发了《碳排放权交易管理办法（试行）》，规定了交易机构、配额发放、核查与清缴及惩罚办法等内容。2021 年 3 月，生态环境部印发了《企业温室气体排放报告核查指南（试行）》，明确规定了重点排放单位温室气体排放报告的核查原则和依据、核查程序和要点、核查复核及信息公开等内容。2021 年 5 月生态环境部发布了《碳排放权登记管理规则（试行）》《碳排放权交易管理规则（试行）》和《碳排放权结算管理规则（试行）》的公告，规范了全国碳排放权登记、交易、结算活动。2021 年 7 月 16 日，全国碳排放权交易市场启动上线交易，地方试点市场与全国碳市场并存。发电行业成为首个纳入全国碳市场的行业，纳入重点排放的单位超过 2000 家，这些企业碳排放量超过 40 亿吨二氧化碳。目前市场整体态势发展良好，碳市场价格呈现进一步上涨的趋势。

四是地方实践不断丰富。2017 年 6 月开始，浙江、江西、广东、贵州、新疆、甘肃六省区九地（截至 2021 年底）建设了各有侧重、各具特色的绿色金融改革创新试验区，2020 年底绿色贷款余额达到 2368.3 亿元，占全部贷款余额的 15.1%，比全国平均水平高了 4.3 个百分点；绿色债券余额达到 1350 亿元，同比增长 66%。气候投融资地方试点工作是"十四五"期间应对气候变化工作的重要组成部分，生态环境部正在推进以投资政策指导、以强化金融支持为重点的气候投融资地方试点，将鼓励部分地区开展先行先试，在绿色低碳和高质量发展方面形成可推广、可复制的经验。此外，深圳、上海、浙江、陕西等地创新开展气候投融资实践，从体制机制、产品工具、激励政策等方面大胆探索，积累了先进经验。例如，深圳于 2020 年 11 月出台了中国首个地方绿色金融法规《深圳经济特区绿色金融条例》，形成了门类基本齐全的绿色金融产品和服务体系，正在先行先试推进气候投融资项目库建设，支持国家自主贡献目标。湖州市于 2021 年 9 月出台了绿色金融改革创新试验区、全国地市级首部绿色金融促进条例《湖州市绿色金融促进条例》，已累计取得 40 多项创新性实践成果。

3.1.2　我国气候投融资体系的主要内容

根据气候投融资的流程，我国的气候资金体系主要包括资金来源、资金媒介、政策工具及资金使用等四个方面，如图 3-1 所示。

1. 资金来源

即用于应对气候变化的资金从何而来。资金来源是投融资机制中最为关键的环节，包括来自国际和国内方面的资金，而每一类资金来源又可以分为公共资金、传统金融市场、直接投资、碳市场、慈善事业等。据统计，2015 年，我国气候资金的总量为 7413 亿元。

（1）公共资金是气候融资的先导力量。由于采用气候友好的解决方案意味着增量成本，如果公共资金能够承担这一部分增量成本，则有助于撬动更多私人资

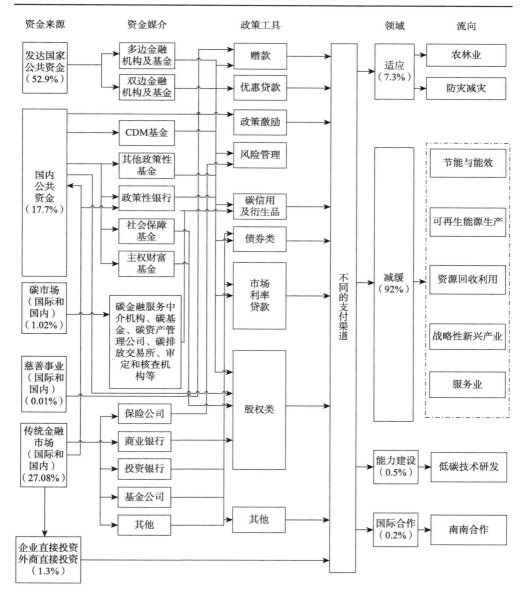

图 3-1　中国气候资金的来源、媒介及流向图

资料来源：2016 年中国气候融资报告，课题组研究统计整理

图中各百分比相加因数据修约不等于 100%，此类情况余同

本投入应对气候变化的解决方案中。因此，尽管公共资金相对有限，但公共资金在气候融资中起到了非常关键的先导作用。据统计，2015 年，在我国气候资金体系中，来自国际的公共资金占比约为 52.9%，来自国内的公共资金占比约为 17.7%，

国内外公共资金总占比约为 70.6%。

（2）传统金融市场资金是最大的潜在资金来源。传统金融市场包括传统的直接融资和间接融资市场，资金本质上来自机构和私人投资者。2015 年，来自传统金融市场的资金约占气候资金的 27.08%。随着国内节能减排和应对气候变化相关的支持政策不断出台，气候变化相关的企业和项目逐渐能够吸引更多的资本投入，金融市场正成为一个越来越重要的气候融资来源。

（3）国内外企业直接投向节能改造、新能源项目，以及提供低碳设备、产品或服务的资金，也是低碳资金流的一部分。2015 年，来自国内外企业的直接投资额占比较小，占气候资金总额的 1.3%左右。企业直接投资有赖于国内稳定的投资环境和合适的激励政策。

（4）碳市场资金在未来气候融资中具有巨大的发展潜力。在当前应对气候变化的诸多政策工具中，碳排放权交易是最受关注的减排机制。CDM 使得中国企业能够通过国际碳市场获得可观的资金从而改善项目的成本收益，这在很大程度上催化了国内温室气体减排项目的开发。伴随着全国碳市场的正式上线交易，在未来有望通过市场化机制为企业的技术进步和节能减排提供激励和潜在的巨大资金来源。

（5）慈善事业资金的支持刚刚起步。慈善事业和非政府机构也参与提供了一部分气候资金，这些资金来源于私人捐赠者和企业，以及非政府机构活动等形式。目前中国气候变化相关的慈善事业刚刚起步。

关于我国气候资金来源的详细介绍见 3.4 节。

2. 资金媒介

即实现气候资金支付的各种中介机构，包括国际双边机构和多边机构，国内政策性银行、传统金融机构及新兴的碳金融机构。在某些情况下，这些中介能够使资金聚集起来从而体现出规模效应，或通过一部分已有资金撬动更大规模的联合融资。双边金融机构是发达国家公共资金最主要的转移媒介。双边金融机构主要包括双边发展机构和双边银行、双边气候基金和出口信贷机构等，转移了最大规模的国际公共气候资金（约占全球公共资金的 25%）。以世界银行为代表的多边金融机构近年来在气候变化领域卓有贡献，向发展中国家政府提供优惠贷款和赠款，并通过债权、股权和担保等方式为私人部门提供融资，发挥了撬动社会资本的积极作用。国内政策性银行和基金同样发挥了重要的作用。中国的三大政策性银行和政策性基金是公共资金撬动国内私人资本投向气候领域的重要中介机构。传统商业性金融机构正在气候领域探求新的盈利空间。传统商业性金融机构主要包括保险公司、商业银行、基金公司，以及信托、融资租赁公司等，由于意识到低碳所带来的商机，传统金融机构开始积极探索低碳领域相关的业务。碳金融机构是碳市场发展的核心载体。碳金融机构是围绕碳市场的产生和发展而新设立的金融服务与中介机构，其高效、规范化运作是维持碳市场竞争与活力的关键。

3. 政策工具

即实现气候资金转移、分配所使用的公共财政工具或金融工具。气候资金的主要媒介机构使用多种不同的融资工具向气候领域进行投资。各种形式的赠款和税收优惠是公共资金推动应对气候变化最常用的工具，通过各个政府部门发起的项目或专项资金来实现支付。财政贴息常见于对特定项目的支持，主要目的也是促进企业在节能降耗方面积极投资，放大财政资金的使用效果，起到一定的杠杆作用。相关贷款是目前最常用的气候融资工具。其中，国际开发性金融机构在气候变化领域的优惠贷款具有利率低、偿还期较长的特性，对推动国内的低碳投资起到了重要的作用。国内商业贷款在应对气候变化领域开始积极探索绿色信贷，为碳减排项目开发的绿色信贷产品已经取得了较大进展。在绿色与低碳经济发展领域，气候债券不但同样可以成为气候变化融资的重要来源，还可以作为低碳领域投资者规避风险的工具。债券特别适合为应对气候变化所建设的基础设施提供长期资本支持，可以在气候领域发挥重要作用。股权融资工具主要是股权或股票，投资者可以在低碳企业发展的不同阶段介入，如创业投资基金在企业的创业阶段进行投资，风险投资基金或私募股权投资基金在企业的发展期投资，上述基金通过上市前股权转让获取差价或企业发行上市后股票套现实现投资退出。保险工具是应对气候变化最重要的避险工具之一，同时也是金融部门率先介入气候领域的产品。农业保险、天气指数保险、清洁技术保险和巨灾保险是国际保险业围绕气候融资开展的较为成熟的重要避险工具。碳金融工具是碳金融市场的核心要素之一，包括配额和抵消产品的现货、期货和期权等衍生品。目前全球设立了诸多具有标志性的碳交易所并很早就推出了碳期货、期权等金融衍生品。我国虽然已有多家碳排放权交易所，但还未开发出适合我国市场的碳金融工具。其他风险管理工具包括官方担保、保理、信用评级、衍生工具及信用证等增信产品，均可成为气候融资工具。此外，公共资金可以建立一系列金融工具，通过多种形式与私人资本进行共同投资，并通过损失分担的机制，吸引私人资本投向一些风险较高的低碳行业。

4. 资金使用

即气候资金分配到具体领域并在终端使用，以确保国家应对气候变化目标的实现，是气候投融资机制的最终落脚点，包括减缓、适应、能力建设及国际合作等领域。气候资金流向减缓领域的比重相对较大。从全球范围来看，约有93%的国际气候资金投入到了减缓领域。中国还没有对气候资金流向做过较为全面的统计，但气候资金也主要投向可再生能源生产、节能与提高能效，以及战略性新兴产业等减缓领域。适应气候变化的活动主要致力于保持和提高对气候变化的适应能力和弹性，以减少气候变化所带来的影响及各类风险，由于适应行动项目周期长、经济利润小，目前世界范围内应对气候变化的资金向减缓领域倾斜，适应领域的资金尚不足以满足需求。应对气候变化对于政府、企业和公众来说是一个全新的领域，在初期需要投入资金以支持政策的顶层设计、体制和机制建设、温室气体排放量的统计核算能力的形成、科研能力的提高、人才的培养、企业气候变化业务能力的提升及公众意识的培养等基础能力的建设。气候变化问题属于全球性议题，因此气候投融资活动的开展需要在全球背景下开展，包括与发达国家和发展中国家的气候投融资合作。

关于我国气候资金使用的详细介绍见 3.5 节。

3.2　我国气候投融资的管理体制

我国现行的气候投融资管理体制，如图 3-2 所示。党中央、国务院高度重视应对气候变化工作。2007 年 6 月 12 日，为加强对应对气候变化和节能减排工作的领导，国务院成立国家应对气候变化及节能减排工作领导小组，作为国家应对气候变化和节能减排工作的议事协调机构，统一管理国家应对气候变化的各项工作，包括财政资金安排。领导小组以国务院总理为组长，主要负责研究制定国家应对气候变化的重大战略方针，并统一部署应对气候变化工作。2008 年国家发展改革委成立应对气候变化司，承担国家应对气候变化及节能减排领导小组有关应对气候变化方面的具体工作。2018 年国家发展改革委应对气候变化的职责转到生态环境部以后，国家应对气候变化及节能减排工作领导小组成员单位进行了调整，中国人民银行加入了国家应对气候变化及节能减排工作领导小组成员单位，对于推动气候投融资发展、拓宽市场化的应对气候变化资金渠道具有积极作用。生态环境部、财政部和金融市场监管机构受国家应对气候变化及节能减排工作领导小组的指导，具体负责各项工作和财政预算的实施，其他相关部委相继成立专门机构和办公室，以加强应对气候变化的机构能力建设，并负责应对气候变化四个关键领域的具体工作及资金使用。各个机构部门在应对气候变化中的职能具体如下。

气候变化减缓工作主要由生态环境部牵头制定相应政策措施，财政部和其他相关职能部门合作参与资金项目安排，从而实现优化产业结构、调整能源结构、

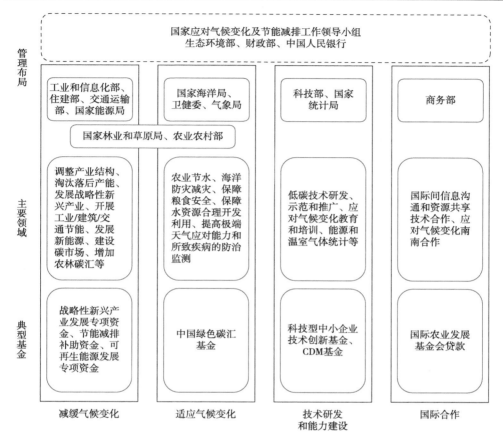

图 3-2　中国气候投融资管理布局

住房和城乡建设部简称住建部，国家卫生健康委员会简称卫健委，科学技术部简称科技部

节约能源、增加碳汇等减缓目标。生态环境部主要负责统筹协调气候变化领域相关事务。财政部是国家主管财政资金收支、财税政策的宏观调控部门，在气候变化公共资金提供、分配和管理中起到关键作用。工业和信息化部节能与综合利用司负责组织实施工业、通信业的能源节约和资源综合利用项目和示范工程的实施及技术产品推广应用，并拟定清洁生产促进相关政策，从节能角度促进减排目标的实现。住建部建筑节能与科技司主要负责建筑节能有关工作，职责为拟定建筑节能的政策和发展规划并监督实施，组织实施重大建筑节能项目等。交通运输部设立的节能减排与应对气候变化工作办公室及交通运输节能减排项目管理中心负责交通运输节能领域的项目管理和安排。国家能源局除负责传统能源的发展外，还负责新能源、可再生能源以及传统能源清洁化发展，支持低碳能源发展减排。农业农村部与国家林业和草原局负责农业和林业应对气候变化的工作，增加农田草

地和森林碳汇以减缓气候变化。

适应气候变化工作由生态环境部主持，财政部负责相关项目的资金安排，项目执行牵涉农业农村部、水利部、国家海洋局、卫健委、中国气象局等关键部门。农业农村部负责加强农田水利基础设施建设、推广农田节水技术、提高灾害应对能力及建立完善农业气象监测与预警系统工作，以保障粮食和生态系统安全。水利部负责保障水资源的合理开发利用，拟定水利规划政策，负责水资源的保护、节水、防治水土流失等工作，减少气候变化对水资源的负面影响。国家海洋局负责海洋气候观测网络建设、开展海平面上升、海岸侵蚀、海水入侵和土壤盐渍化监测调查和评估，以监测和保护海洋系统，提高沿海防灾能力。中国气象局负责气象灾害风险评估和应急响应，建立功能完备的公共气象服务平台和气候系统观测网，增强全社会应对极端气候灾害的预警预报能力和应急保障能力。卫健委负责气候变化导致的疾病防治、监测和应对工作，在气候变化影响评价并建立监测预警系统网络的基础上，开发相关应急预案，实施预防控制技术和适应技术，降低气候变化导致的传染病对人类的危害，提高卫生健康适应气候变化的水平。

与气候变化相关的制度建设、技术研发和能力建设分别由国家应对气候变化领导小组、生态环境部、财政部、国家统计局、科技部等部门承担。国家应对气候变化领导小组负责完善气候变化相关法律法规，制定并实施《中国应对气候变化国家方案》，出台系列重大政策性文件，完善气候工作管理体制。生态环境部负责加强温室气体排放核算、加强相关基础研究及加强气候变化战略和政策研究等。财政部为技术研发和能力建设提供各项资金支持。科技部负责组织制定国家重点基础研究计划、高技术研究发展计划和科技支撑计划等，引导气候变化相关的科技计划并指导实施。国家统计局负责能源统计的体系建设和监测工作。

气候变化国际合作领域资金的管理涉及生态环境部、财政部、商务部等部门。外国贷款的对外磋商、谈判与签约业务及贷款的使用与偿还监督管理由财政部金融司负责，生态环境部应对气候变化司负责 CDM 项目的审核和管理及针对气候变化领域的对外合作管理，商务部国际经贸关系司管理多边和双边机构对中国的无偿援助和赠款，商务部对外援助司负责拟定并实施对外援助的政策和方案，监督检查对外援助项目的实施，生态环境部国际合作司负责归口管理环境保护领域的国际合作和交流，以及国际环境公约履约的对外联系工作。

目前各个相关职能部门之间形成了非常良好的工作机制，为开展气候投融资提供了非常好的平台。通过生态环境部门、金融监管部门、财政主管部门、投资主管部门的密切沟通和联系，相关经济政策、金融政策、投资政策、财政政策可以更好地为气候变化工作服务，更好地在政策的制定、出台、研究的过程中融入气候投融资的因素，积极推动相关政策的研究与出台，加强应对气候变化的政策与各个领域政策的协同发展，形成了比较好的氛围。比如，2020 年 1 月国务院办公厅印发《关于支持国家级新区深化改革创新加快推动高质量发展的指导意见》，明确提出支持有条件的新区创新生态环境管理制度，推动开展气候投融资工作，提高生态环境质量。相关的顶层设计为中国气候投融资政策形成合力，提供了很好的平台和机遇。

3.3　我国气候投融资的制度体系

在各部门的努力下，我国的气候投融资制度体系基本建立。顶层设计方面，《关于构建绿色金融体系的指导意见》《关于促进应对气候变化投融资的指导意见》《气候投融资试点工作方案》体现了国家层面对气候投融资工作的基本部署。顶层设计之下，是各部门、机构出台的财税政策和金融政策，尽管这些政策很多都是在气候投融资这一概念提出之前就出台的，但本质上都为减缓与适应工作提供了支撑。我国已经建立的绿色金融标准体系也为气候投融资标准体系建设提供了良好的基础。

3.3.1　顶层设计

2016 年 8 月，中国人民银行、财政部等七部委联合印发了《关于构建绿色金融体系的指导意见》，该意见明确提出支持发展各类碳金融产品，包括促进建立全国统一的碳排放权交易市场和有国际影响力的碳定价中心。有序发展碳远期、碳掉期、碳期权、碳租赁、碳债券、碳资产证券化和碳基金等碳金融产品和衍生工具，探索研究碳排放权期货交易。《关于构建绿色金融体系的指导意见》的出台为社会资本的投向提供了新领域，表明了国家投融资政策的新信号，也意味着中国成为全球首个建立了比较完整的绿色金融政策体系的经济体。

生态环境部等五部门在 2020 年 10 月联合发布的《关于促进应对气候变化投融资的指导意见》首次从国家层面将应对气候变化投融资提上议程，为气候变化领域的建设投资、资金筹措和风险管控进行了全面部署。《关于促进应对气候变化投融资的指导意见》涉及政策体系、标准体系、资金引入、地方实践、国际合作以及实施保障手段六部分内容，为中国气候投融资乃至应对气候变化工作提出了明确的发展方向。

2021 年 12 月，生态环境部、国家发展改革委等九部委联合发布《气候投融资试点工作方案》，要求试点地方有序发展碳金融，积极参与全国碳市场建设，在依法合规、风险可控前提下，稳妥有序探索开展包括碳基金、碳资产质押贷款、碳保险等碳金融服务；支持符合条件的试点地方气候友好型企业通过资本市场进行融资和再融资；鼓励试点地方各类金融机构创新气候友好型的绿色金融产品和服务，提供有效金融支持等。《气候投融资试点工作方案》的出台将推动试点地方培育气候友好型市场主体、探索气候投融资发展模式，为我国气候投融资工作提供可推广、可复制的经验，促使资金、人才、技术等各类要素资源向气候投融资领域充分聚集。气候投融资的主要顶层设计文件总结如表 3-1 所示。

表 3-1　气候投融资主要顶层设计文件概览

时间	政策文件名称	发布机构	主要内容
2016 年 8 月 31 日	《关于构建绿色金融体系的指导意见》	中国人民银行、财政部、国家发展改革委、环境保护部、银监会、证监会、保监会	（1）明确"绿色金融是指为支持环境改善、应对气候变化和资源节约高效利用的经济活动，即对环保、节能、清洁能源、绿色交通、绿色建筑等领域的项目投融资、项目运营、风险管理等所提供的金融服务"（2）提出"构建绿色金融体系主要目的是动员和激励更多社会资本投入到绿色产业"（3）包括"大力发展绿色信贷""推动证券市场支持绿色投资""设立绿色发展基金，通过政府和社会资本合作（PPP）模式动员社会资本""发展绿色保险""完善环境权益交易市场、丰富融资工具""支持地方发展绿色金融""推动开展绿色金融国际合作""防范金融风险，强化组织落实"八项具体内容
2020 年 10 月 21 日	《关于促进应对气候变化投融资的指导意见》	生态环境部、国家发展改革委、中国人民银行、银保监会、证监会	（1）明确"气候投融资是指为实现国家自主贡献目标和低碳发展目标，引导和促进更多资金投向应对气候变化领域的投资和融资活动，是绿色金融的重要组成部分。支持范围包括减缓和适应两个方面"（2）提出"加快构建气候投融资政策体系"，包括"强化环境经济政策引导""强化金融政策支持""强化各类政策协同"（3）强调"逐步完善气候投融资标准体系"，包括"统筹推进标准体系建设""制订气候项目标准""完善气候信息披露标准""建立气候绩效评价标准"（4）要"鼓励和引导民间投资与外资进入气候投融资领域"（5）提出"引导和支持气候投融资地方实践"，包括"开展气候投融资地方试点""营造有利的地方政策环境""鼓励地方开展模式和工具创新"（6）深化气候投融资国际合作

续表

时间	政策文件名称	发布机构	主要内容
2021 年 12 月 21 日	《气候投融资试点工作方案》	生态环境部、国家发展改革委、工业和信息化部、住房和城乡建设部、中国人民银行、国资委、国管局、银保监会、证监会	（1）气候投融资定义和支持范围：减缓气候变化；适应气候变化 （2）工作原则：中央统筹、地方为主；分类施策、重点突破；定期评估、总结推广 （3）试点目标：通过 3～5 年的努力，试点地方基本形成有利于气候投融资发展的政策环境，培育一批气候友好型市场主体，探索一批气候投融资发展模式，打造若干个气候投融资国际合作平台，使资金、人才、技术等各类要素资源向气候投融资领域充分聚集 （4）重点任务：编制试点方案；坚决遏制"两高"项目盲目发展；有序发展碳金融；强化碳核算与信息披露；强化模式和工具创新；强化政策协同；建设国家气候投融资项目库；加强人才队伍建设和国际交流合作

3.3.2 财税政策

财政资金是我国气候投融资的主要来源，近年来，我国政府出台了一系列针对节能环保、可再生能源、低碳交通、清洁生产等减缓领域与水资源管理、农林业、渔业、防范气候灾害等适应领域的财税支持政策。这些政策通过采用常规财政预算、政府直接或间接投资、专项资金与基金、财政补助等多种形式提供公共财政资金，对于实现产业低碳化、建筑绿色化、交通清洁化、新能源和可再生能源规模化、碳汇造林成效化及气候适应型城市建设发挥了重要作用。气候变化相关的财税政策如表 3-2 所示。

表 3-2 气候变化相关财税政策梳理

项目	时间	政策文件名称	发布机构	主要内容
节能产品惠民工程推广	2009 年 5 月	《高效节能产品推广财政补助资金管理暂行办法》	财政部、国家发展改革委	采取财政补贴方式，加快高效节能产品的推广，一方面有效扩大内需特别是消费需求，另一方面提高终端用能产品能源效率
	2010 年 5 月	《"节能产品惠民工程"节能汽车（1.6 升及以下乘用车）推广实施细则》	财政部、国家发展改革委、工业和信息化部	对消费者购买节能汽车给予一次性定额补助，补助标准为 3000 元/辆，由生产企业在销售时兑付给购买者
	2012 年 6 月	《节能电冰箱、洗衣机、热水器推广实施细则》	财政部、国家发展改革委、工业和信息化部	采取财政补贴方式，支持高效节能家用电冰箱、电动洗衣机和热水器的推广使用

续表

项目	时间	政策文件名称	发布机构	主要内容
节能产品惠民工程推广	2012 年 9 月	《节能产品惠民工程高效节能台式微型计算机推广实施细则》	财政部、国家发展改革委、工业和信息化部	高效节能台式机推广财政补贴标准为：260 元/台。对已享受"家电下乡"等其他财政补助政策的产品，不再给予补贴
	2013 年 1 月	《关于简化节能家电高效电机补贴兑付信息管理及加强高效节能工业产品组织实施等工作的通知》	财政部、国家发展改革委、工业和信息化部	简化消费者购买节能家电信息核对办法，确保消费者购买时领取补贴；改进高效电机推广信息管理流程，加快补贴兑付进度
太阳能光电技术应用示范项目	2009 年 3 月	《关于加快推进太阳能光电建筑应用的实施意见》	财政部、住建部	对光电建筑应用示范工程予以资金补助，以部分弥补光电应用的初始投入；鼓励地方政府出台相关财政扶持政策
	2009 年 3 月	《太阳能光电建筑应用财政补助资金管理暂行办法》	财政部	补助资金使用范围：（一）城市光电建筑一体化应用，农村及偏远地区建筑光电利用等给予定额补助；（二）太阳能光电产品建筑安装技术标准规程的编制；（三）太阳能光电建筑应用共性关键技术的集成与推广
	2009 年 7 月	《金太阳示范工程财政补助资金管理暂行办法》	财政部、科技部、国家能源局	中央财政从可再生能源专项资金中安排部分资金支持实施金太阳示范工程，支持光伏发电技术在各类领域的示范应用及关键技术产业化；对光伏发电关键技术产业化和产业基础能力建设项目，给予适当贴息或补助
	2010 年 9 月	《关于加强金太阳示范工程和太阳能光电建筑应用示范工程建设管理的通知》	财政部、科技部、住建部、国家能源局	中央财政对示范项目建设所用关键设备，按中标协议供货价格的一定比例给予补贴；示范项目建设的其他费用采取定额补贴
可再生能源建筑应用示范项目	2006 年 9 月	《可再生能源建筑应用专项资金管理暂行办法》	财政部、建设部	专项资金以无偿补助形式给予支持；专项资金使用范围：（一）示范项目的补助；（二）示范项目综合能效检测、标识，技术规范标准的验证及完善等；（三）可再生能源建筑应用共性关键技术的集成及示范推广；（四）示范项目专家咨询、评审、监督管理等支出；（五）财政部批准的与可再生能源建筑应用相关的其他支出
	2007 年 10 月	《国家机关办公建筑和大型公共建筑节能专项资金管理暂行办法》	财政部	中央财政对建立能耗监测平台给予一次性定额补助；在起步阶段，中央财政对建筑能耗统计、建筑能源审计、建筑能效公示等工作，予以适当经费补助。地方财政应对当地建立建筑节能监管体系予以适当支持

续表

项目	时间	政策文件名称	发布机构	主要内容
可再生能源建筑应用示范项目	2007 年 12 月	《北方采暖地区既有居住建筑供热计量及节能改造奖励资金管理暂行办法》	财政部	气候区奖励基准分为严寒地区和寒冷地区两类：严寒地区为 55 元/米²，寒冷地区为 45 元/米²；单项改造内容指建筑围护结构节能改造、室内供热系统计量及温度调控改造、热源及供热管网热平衡改造三项，对应的权重系数分别为：60%、30%、10%
	2007 年 12 月	《高效照明产品推广财政补贴资金管理暂行办法》	财政部、国家发展改革委	财政补贴资金用于支持采用高效照明产品替代在用的白炽灯和其他低效照明产品，主要包括高效照明产品补贴资金和推广工作经费；补贴资金采取间接补贴方式
	2009 年 7 月	《可再生能源建筑应用城市示范实施方案》	财政部、住建部	资金补助基准为每个示范城市 5000 万元，具体根据 2 年内应用面积、推广技术类型、能源替代效果、能力建设情况等因素综合核定，切块到省；推广应用面积大，技术类型先进适用，能源替代效果好，能力建设突出，资金运用实现创新，将相应调增补助额度
	2009 年 7 月	《关于加快推进农村地区可再生能源建筑应用的实施方案的通知》	财政部、住建部	规定 2009 年农村可再生能源建筑应用补助标准，以后年度补助标准将根据农村可再生能源建筑应用成本等因素予以适当调整。每个示范县补助资金总额最高不超过 1800 万元
	2011 年 12 月	《关于组织实施 2012 年度太阳能光电建筑应用示范的通知》	财政部、住建部	对建材型等与建筑物高度紧密结合的光电一体化项目，补助标准暂定为 9 元/瓦；对与建筑一般结合的利用形式，补助标准暂定为 7.5 元/瓦。最终补贴标准将根据光伏产品市场价格变化等情况予以核定
新能源汽车推广项目	2015 年 4 月	《关于 2016—2020 年新能源汽车推广应用财政支持政策的通知》	财政部、科技部、工业和信息化部、国家发展改革委	补助标准主要依据节能减排效果，并综合考虑生产成本、规模效应、技术进步等因素逐步退坡；补助对象是消费者，新能源汽车生产企业在销售新能源汽车产品时按照扣减补助后的价格与消费者进行结算，中央财政按程序将企业垫付的补助资金再拨付给生产企业；中央财政补助的产品是纳入"新能源汽车推广应用工程推荐车型目录"（以下简称"推荐车型目录"）的纯电动汽车、插电式混合动力汽车和燃料电池汽车
	2013 年 9 月	《关于继续开展新能源汽车推广应用工作的通知》	财政部、科技部、工业和信息化部、国家发展改革委	补助对象是消费者，消费者按销售价格扣减补贴后支付；中央财政将补贴资金拨付给新能源汽车生产企业，实行按季预拨，年度清算；补助标准依据新能源汽车与同类传统汽车的基础差价确定，并考虑规模效应、技术进步等因素逐年退坡

续表

项目	时间	政策文件名称	发布机构	主要内容
新能源汽车推广项目	2014 年 7 月	《关于加快新能源汽车推广应用的指导意见》	国务院	2014 年 9 月 1 日至 2017 年 12 月 31 日，对纯电动汽车、插电式（含增程式）混合动力汽车和燃料电池汽车免征车辆购置税；逐步减少对城市公交车燃油补贴和增加对新能源公交车运营补贴，将补贴额度与新能源公交车推广目标完成情况相挂钩；对消费者购买符合要求的纯电动汽车、插电式（含增程式）混合动力汽车、燃料电池汽车给予补贴
	2014 年 8 月	《关于免征新能源汽车车辆购置税的公告》	财政部、国家税务总局、工业和信息化部	自 2014 年 9 月 1 日至 2017 年 12 月 31 日，对购置的新能源汽车免征车辆购置税
	2015 年 5 月	《关于节约能源 使用新能源车船车船税优惠政策的通知》	财政部、国家税务总局、工业和信息化部	对节约能源车船，减半征收车船税；对使用新能源车船，免征车船税
	2016 年 1 月	《关于"十三五"新能源汽车充电基础设施奖励政策及加强新能源汽车推广应用的通知》	财政部、科技部、工业和信息化部、国家发展改革委、国家能源局	对充电基础设施配套较为完善、新能源汽车推广应用规模较大的省（区、市）政府的综合奖补；中央财政对符合上述条件的省（区、市）安排充电设施建设运营奖补资金，奖补资金由中央财政切块下达地方，由各省（区、市）统筹安排用于充电设施建设运营等相关领域
	2016 年 12 月	《关于调整新能源汽车推广应用财政补贴政策的通知》	财政部、科技部、工业和信息化部、国家发展改革委	在保持 2016～2020 年补贴政策总体稳定的前提下，调整新能源汽车补贴标准；分别设置中央和地方补贴上限，其中地方财政补贴（地方各级财政补贴总和）不得超过中央财政单车补贴额的 50%；除燃料电池汽车外，各类车型 2019～2020 年中央及地方补贴标准和上限，在现行标准基础上退坡 20%；改进补贴资金拨付方式
	2017 年 12 月	《关于免征新能源汽车车辆购置税的公告》	财政部、国家税务总局、工业和信息化部、科技部	自 2018 年 1 月 1 日至 2020 年 12 月 31 日，对购置的新能源汽车免征车辆购置税
	2018 年 2 月	《关于调整完善新能源汽车推广应用财政补贴政策的通知》	财政部、工业和信息化部、科技部、国家发展改革委	根据成本变化等情况，调整优化新能源乘用车补贴标准，合理降低新能源客车和新能源专用车补贴标准。燃料电池汽车补贴力度保持不变，燃料电池乘用车按燃料电池系统的额定功率进行补贴，燃料电池客车和专用车采用定额补贴方式
	2019 年 3 月	《关于进一步完善新能源汽车推广应用财政补贴政策的通知》	财政部、工业和信息化部、科技部、国家发展改革委	根据新能源汽车规模效益、成本下降等因素以及补贴政策退坡退出的规定，降低新能源乘用车、新能源客车、新能源货车补贴标准，促进产业优胜劣汰，防止市场大起大落

续表

项目	时间	政策文件名称	发布机构	主要内容
新能源汽车推广项目	2019 年 5 月	《关于支持新能源公交车推广应用的通知》	财政部、工业和信息化部、交通运输部、国家发展改革委	根据规模效益和成本下降情况，调整完善新能源公交车购置补贴标准，具体按照《通知》执行。从 2019 年开始，新能源公交车辆完成销售上牌后提前预拨部分资金，满足里程要求后可按程序申请清算。在普遍取消地方购置补贴的情况下，地方可继续对购置新能源公交车给予补贴支持。落实好新能源公交车免征车辆购置税、车船税政策
	2020 年 4 月	《关于新能源汽车免征车辆购置税有关政策的公告》	财政部、国家税务总局、工业和信息化部	自 2021 年 1 月 1 日至 2022 年 12 月 31 日，对购置的新能源汽车免征车辆购置税。免征车辆购置税的新能源汽车是指纯电动汽车、插电式混合动力（含增程式）汽车、燃料电池汽车
	2020 年 4 月	《关于完善新能源汽车推广应用财政补贴政策的通知》	财政部、工业和信息化部、科技部、国家发展改革委	延长补贴期限，平缓补贴退坡力度和节奏；将当前对燃料电池汽车的购置补贴，调整为选择有基础、有积极性、有特色的城市或区域，重点围绕关键零部件的技术攻关和产业化应用开展示范，中央财政将采取"以奖代补"方式对示范城市给予奖励
交通运输节能减排专项资金	2011 年 6 月	《交通运输节能减排专项资金管理暂行办法》	财政部、交通运输部	专项资金重点用于支持公路水路交通运输行业推广应用节能减排新机制、新技术、新工艺、新产品的开发和应用，确保完成国家公路水路交通运输节能减排规划安排的重点任务和重点工程
战略性新兴产业（节能环保）项目中央预算内投资计划	2012 年 12 月	《战略性新兴产业发展专项资金管理暂行办法》	财政部、国家发展改革委	中央财政预算安排，用于支持战略性新兴产业重大关键技术突破、产业创新发展、重大应用示范以及区域集聚发展等工作的专项资金；专项资金一般采取拨款补助、参股创业投资基金等支持方式，并根据国际国内战略性新兴产业发展形势进行适当调整
清洁生产专项资金	2009 年 10 月	《中央财政清洁生产专项资金管理暂行办法》	财政部、工业和信息化部	中央财政预算安排的，专项用于补助和事后奖励清洁生产技术示范项目的资金；对应用示范项目，按照不超过项目总投资的 20% 给予资金补助；对推广示范项目，按照不超过项目实际投资额的 15% 给予资金奖励
	2020 年 6 月	《清洁能源发展专项资金管理暂行办法》	财政部	专项资金支持范围包括下列事项：（一）清洁能源重点关键技术示范推广和产业化示范；（二）清洁能源规模化开发利用及能力建设；（三）清洁能源公共平台建设；（四）清洁能源综合应用示范；（五）专项资金分配结合清洁能源相关工作性质、目标、投资成本以及能源资源综合利用水平等因素，可以采用竞争性分配、以奖代补和据实结算等方式

续表

项目	时间	政策文件名称	发布机构	主要内容
节能减排和技术改造专项资金	2007年8月	《节能技术改造财政奖励资金管理暂行办法》	财政部、国家发展改革委	财政奖励资金主要是对企业节能技术改造项目给予支持，奖励金额按项目实际节能量与规定的奖励标准确定。奖励标准为：东部地区节能技术改造项目根据节能量按200元/吨标准煤奖励，中西部地区按250元/吨标准煤奖励
	2011年6月	《节能技术改造财政奖励资金管理办法》	财政部、国家发展改革委	东部地区节能技术改造项目根据项目完工后实现的年节能量按240元/吨标准煤给予一次性奖励，中西部地区按300元/吨标准煤给予一次性奖励；省级财政部门要安排一定经费，主要用于支付第三方机构审核费用等
	2015年5月	《节能减排补助资金管理暂行办法》（全文废止）	财政部	节能减排补助资金分配结合节能减排工作性质目标、投资成本、节能减排效果以及能源资源综合利用水平等因素，主要采用补助、以奖代补、贴息和据实结算等方式
	2020年1月	《节能减排补助资金管理暂行办法》	财政部	节能减排补助资金重点支持范围：（一）节能减排体制机制创新；（二）节能减排基础能力及公共平台建设；（三）重点领域、重点行业、重点地区节能减排；（四）重点关键节能减排技术示范推广和改造升级；（五）其他经国务院批准的支持范围。节能减排补助资金分配结合节能减排工作目标、投资成本、节能减排效果以及能源资源综合利用水平等因素，主要采用补助、以奖代补、贴息和据实结算等方式
可再生能源发展专项基金	2006年5月	《可再生能源发展专项资金管理暂行办法》	财政部	发展专项资金的使用方式包括：无偿资助和贷款优惠，无偿资助方式主要用于营利性弱、公益性强的项目，贷款贴息方式主要用于列入国家可再生能源产业发展指导目录、符合信贷条件的可再生能源开发利用项目
	2007年7月	《生物能源和生物化工非粮引导奖励资金管理暂行办法》	财政部	财政安排生物能源和生物化工非粮引导奖励专项资金，用于支持以非粮为原料的生物能源和生物化工放大生产，优化生产工艺，促进生物能源和生物化工产业健康发展；非粮引导奖励资金的补助方式。符合上述条件的项目，可向所在地财政部门申请非粮引导奖励资金，具体包括：（一）建设期贴息；（二）竣工投产后奖励；（三）贴息和奖励的项目评审操作办法另行制定
	2007年9月	《生物能源和生物化工原料基地补助资金管理暂行办法》	财政部	林业原料基地补助标准为200元/亩；补助金额由财政部按该标准及经核实的原料基地实施方案予以核定；农业原料基地补助标准原则上核定为180元/亩，具体标准将根据盐碱地、沙荒地等不同类型土地核定；补助金额由财政部按具体标准及经核实的原料基地实施方案予以核定

续表

项目	时间	政策文件名称	发布机构	主要内容
可再生能源发展专项基金	2008 年10 月	《秸秆能源化利用补助资金管理暂行办法》	财政部	补助资金主要采取综合性补助方式，支持企业收集秸秆、生产秸秆能源产品并向市场推广；对符合支持条件的企业，根据企业每年实际销售秸秆能源产品的种类、数量折算消耗的秸秆种类和数量，中央财政按一定标准给予综合性补助
	2011 年4 月	《绿色能源示范县建设补助资金管理暂行办法》	财政部、国家能源局、农业部	中央财政对符合支持范围及条件的绿色能源示范县给予适当补助。示范补助资金（不含可再生能源建筑应用补助资金）规模根据各县符合支持方向的示范项目实际完成投资、新增绿色能源生产能力及用户数量等相关因素综合确定；中央财政示范补助资金要与地方安排的补助资金统筹使用，可采取财政补贴、以奖代补、贷款贴息等补助方式支持示范项目建设；中央财政示范补助资金可安排用于能源服务体系建设，资金额度应控制在中央财政示范补助资金总额的 5% 以内；地方财政要安排相应资金予以支持
	2012 年3 月	《可再生能源电价附加补助资金管理暂行办法》	财政部、国家发展改革委、国家能源局	可再生能源发电项目上网电量的补助标准，根据可再生能源上网电价、脱硫燃煤机组标杆电价等因素确定；专为可再生能源发电项目接入电网系统而发生的工程投资和运行维护费用，按上网电量给予适当补助；国家投资或者补贴建设的公共可再生能源独立电力系统的销售电价，执行同一地区分类销售电价，其合理的运行和管理费用超出销售电价的部分，通过可再生能源电价附加给予适当补助
	2015 年4 月	《可再生能源发展专项资金管理暂行办法》	财政部	可再生能源发展专项资金根据项目任务、特点等情况采用奖励、补助、贴息等方式支持并下达地方或纳入中央部门预算；资金分配结合可再生能源和新能源相关工作性质、目标、投资成本以及能源资源综合利用水平等因素，主要采用竞争性分配、因素法分配和据实结算等方式。对据实结算项目，主要采用先预拨、后清算的资金拨付方式
	2020 年1 月	《关于促进非水可再生能源发电健康发展的若干意见》	财政部、国家发展改革委、国家能源局	完善现行补贴方式：（一）以收定支，合理确定新增补贴项目规模；（二）充分保障政策延续性和存量项目合理收益
	2020 年3 月	《关于开展可再生能源发电补贴项目清单审核有关工作的通知》	财政部	由财政部、国家发展改革委、国家能源局发文公布的第一批至第七批可再生能源电价附加补助目录内的可再生能源发电项目，由电网企业对相关信息进行审核后，直接纳入补贴清单

项目	时间	政策文件名称	发布机构	主要内容
科技型中小企业技术创新基金	2007年7月	《科技型中小企业创业投资引导基金管理暂行办法》	财政部、科技部	科技型中小企业创业投资引导基金（以下简称引导基金）专项用于引导创业投资机构向初创期科技型中小企业投资；引导基金的引导方式为阶段参股、跟进投资、风险补助和投资保障
	2012年4月	《关于2012年度科技型中小企业技术创新基金项目申报工作的通知》	科技部、财政部	根据科技部发布的《2010年科技型中小企业技术创新基金若干重点项目指南》，优先支持节能环保、新一代信息技术、生物、高端装备制造、新能源、新材料、新能源汽车等战略性新兴产业领域的关键技术创新
"以奖代补"形式淘汰落后产能	2007年12月	《淘汰落后产能中央财政奖励资金管理暂行办法》（已废止）	财政部、工业和信息化部、国家能源局	中央财政设立奖励资金，采取专项转移支付方式对经济欠发达地区淘汰落后产能给予奖励；奖励资金由地方政府根据"四个优先"原则统筹安排使用：优先支持淘汰落后产能任务重、困难大的企业，主要是整体淘汰的企业；优先支持淘汰合规审批的落后产能；优先支持在国家产业政策规定期限内淘汰的落后产能；优先支持没有享受国家其他相关政策的企业
	2011年4月	《淘汰落后产能中央财政奖励资金管理办法》	财政部、工业和信息化部、国家能源局	中央财政将继续采取专项转移支付方式对经济欠发达地区淘汰落后产能工作给予奖励
大型灌区续建配套与大型灌溉排水泵站更新改造	2007年	《大型灌区续建配套和节水改造项目建设管理办法》	国家发展改革委、水利部	项目建设资金由中央、地方和灌区多渠道筹集，其中中央与地方的安排比例为：东部地区1∶2，中部地区1∶1，西部地区1∶0.5（省级比例）
农业灌溉项目	2005年10月	《关于建立农田水利建设新机制的意见》	国家发展改革委、财政部、水利部、农业部、国土资源部	财政部门要建立小型农田水利设施建设补助专项资金，对农民兴修小型农田水利设施给予补助，并逐步增加资金规模；在安排农业综合开发资金时，继续把农田水利建设作为中低产田改造的一项重要内容。发展改革部门要调整投资结构，切实增加对农田水利建设的投入。土地出让金用于农业土地开发部分和新增建设用地有偿使用费，要结合土地开发整理安排一定资金用于小型农田水利建设
	2005年12月	《节水灌溉贷款中央财政贴息资金管理暂行办法》	财政部、水利部	中央财政给予贴息的对象为：具有还款能力的地方水管单位、农户、农民合作组织、村组集体及新疆生产建设兵团所属单位、农业部直属垦区所属单位；中央财政对节水灌溉贷款项目的贴息期限为12个月；中央财政对地方贷款项目的年贴息率，以当年实际利率为限

续表

项目	时间	政策文件名称	发布机构	主要内容
农业灌溉项目	2009 年 11 月	《中央财政小型农田水利设施建设和国家水土保持重点建设工程补助专项资金管理办法》	财政部、水利部	确定重点县和专项工程建设内容、资金支持重点
	2010 年 12 月	《中共中央、国务院关于加快水利改革发展的决定》	中共中央、国务院	大幅度增加中央和地方财政专项水利资金。从土地出让收益中提取 10%用于农田水利建设；进一步完善水利建设基金政策，延长征收年限，拓宽来源渠道，增加收入规模；有重点防洪任务和水资源严重短缺的城市要从城市建设维护税中划出一定比例用于城市防洪排涝和水源工程建设
	2013 年 4 月	《中央财政统筹从土地出让收益中计提的农田水利建设资金使用管理办法》（全文废止）	财政部、水利部	中央农田水利建设资金的 80%用于农田水利设施建设，中央农田水利建设资金的 20%用于上述农田水利设施的日常维护支出；中央农田水利建设资金采取因素法分配，重点支持粮食主产区、中西部地区和革命老区、民族地区、边疆地区、贫困地区农田水利建设
	2015 年 12 月	《农田水利设施建设和水土保持补助资金使用管理办法》	财政部、水利部	本办法所称农田水利设施建设和水土保持补助资金，是指由中央财政预算安排，用于农田水利工程设施和水土保持工程建设以及水利工程维修养护的补助资金；补助资金主要采取因素法分配，对党中央、国务院批准的重点建设任务以及农田水利工程建设任务较少的直辖市、计划单列市实行定额补助
	2016 年 1 月	《国务院办公厅关于推进农业水价综合改革的意见》	国务院	建立农业用水精准补贴机制、建立节水奖励机制、多渠道筹集精准补贴和节水奖励资金
	2019 年 5 月	《农田建设补助资金管理办法》	财政部、农业农村部	农田建设补助资金支持用于高标准农田及农田水利建设。农田建设补助资金可以采取直接补助、贷款贴息、先建后补等支持方式。具体由省级财政部门商同级农业农村主管部门确定
气候灾害农业补助	2013 年 2 月	《中央财政农业生产防灾救灾资金管理办法》	农业部、财政部	中央财政预算安排用于预防、控制灾害和灾后救助的专项补助资金；农业救灾资金补助对象是承担农业灾害预防和控制任务的，遭受农业灾害并造成损失的农业生产者。包括农户、直接从事农业生产的专业合作组织及相关企业、事业单位

项目	时间	政策文件名称	发布机构	主要内容
气候灾害农业补助	2017年7月	《中央财政农业生产救灾及特大防汛抗旱补助资金管理办法》	财政部、农业部、水利部、国土资源部	根据救灾资金规模，财政部商农业部、水利部、国土资源部确定分别用于农业生产救灾、特大防汛抗旱和地质灾害救灾三个支出方向具体额度，并根据灾情统筹安排
	2020年9月	《农业农村部中央预算内直接投资农业建设项目管理办法》	农业农村部	农业农村部管理的以直接投资方式安排中央预算内投资的农业建设项目（以下简称直接投资农业建设项目）的申请、安排、实施、监督和绩效管理等工作。对下列直接投资农业建设项目，可以按照国家有关规定简化需要报批的文件和审批程序：（一）相关规划中已经明确的项目；（二）部分扩建、改建项目；（三）建设内容单一、投资规模较小、技术方案简单的项目；（四）为应对自然灾害、事故灾难、公共卫生事件、社会安全事件等突发事件需要紧急建设的项目
林木良种补贴专项基金	2014年4月	《中央财政林业补助资金管理办法》	财政部、国家林业局	中央财政林业补助资金是指中央财政预算安排的用于森林生态效益补偿、林业补贴、森林公安、国有林场改革等方面的补助资金
水利建设投资	2011年1月	《水利建设基金筹集和使用管理办法》	财政部、国家发展改革委、水利部	中央水利建设基金专项用于：关系经济社会发展全局的防洪和水资源配置工程建设及其他经国务院批准的水利工程建设、中央水利工程维修养护、防汛应急度汛；地方水利建设基金专项用于：大江大河主要支流、中小河流、湖泊治理；病险水库除险加固；城市防洪设施建设、地方水资源配置工程建设、地方重点水土流失防治工程建设、农村饮水和灌区节水改造工程建设、地方水利工程维修养护和更新改造；防汛应急度汛；其他经省级人民政府批准的水利工程项目

3.3.3　金融政策

气候投融资是绿色金融的重要组成部分，近年来，中国人民银行、银保监会、证监会及行业协会等逐渐将气候因素纳入绿色金融政策的制定过程，出台了气候信贷、气候债券、气候保险、气候投资、碳市场等与气候变化密切相关的金融政策。气候变化相关的金融政策如表3-3所示。

表3-3　气候变化相关金融政策梳理

类别	时间	政策文件名称	发布机构	主要内容
气候信贷	2007年7月	《关于落实环保政策法规防范信贷风险的意见》	环保总局、中国人民银行、银监会	加强环保和金融监管部门合作与联动，以强化环境监管促进信贷安全，以严格信贷管理支持环境保护，加强对企业环境违法行为的经济制约和监督，改变"企业环境守法成本高、违法成本低"的状况，提高全社会的环境法治意识，促进完成节能减排目标，努力建设资源节约型、环境友好型社会
	2007年11月	《节能减排授信工作指导意见》	银监会	银行业金融机构要及时跟踪国家确定的节能重点工程、再生能源项目、水污染治理工程、二氧化硫治理、循环经济试点、水资源节约利用、资源综合利用、废弃物资源化利用、清洁生产、节能减排技术研发和产业化示范及推广、节能技术服务体系、环保产业等重点项目，综合考虑信贷风险评估、成本补偿机制和政府扶持政策等因素，有重点地给予信贷需求的满足
	2015年1月	《关于印发能效信贷指引的通知》	银监会、国家发展改革委	银行业金融机构应在有效控制风险和商业可持续的前提下，加大对重点能效项目的信贷支持力度
	2016年3月	《关于加大对新消费领域金融支持的指导意见》	中国人民银行、银监会	经银监会批准经营个人汽车贷款业务的金融机构办理新能源汽车和二手车贷款的首付款比例，可分别在15%和30%最低要求基础上，根据自愿、审慎和风险可控原则自主决定；大力开展能效贷款和排污权、碳排放权抵质押贷款等绿色信贷业务
	2017年4月	《关于提升银行业服务实体经济质效的指导意见》	银监会	加大绿色信贷投放，重点支持低碳、循环、生态领域融资需求；银行业金融机构要坚决退出安全生产不达标、环保排放不达标、严重污染环境且整改无望的落后企业
气候债券	2015年12月	《绿色债券发行指引》	国家发展改革委	提出绿色债券现阶段的支持重点为：节能减排技术改造项目、绿色城镇化项目、能源清洁高效利用项目、新能源开发利用项目等12项项目
	2017年3月	《非金融企业绿色债务融资工具业务指引》	中国银行间市场交易商协会	本指引所称绿色债务融资工具，是指境内外具有法人资格的非金融企业在银行间市场发行的、募集资金专项用于节能环保等绿色项目的债务融资工具
	2017年3月	《关于支持绿色债券发展的指导意见》	证监会	绿色公司债券募集资金投向的绿色产业项目，主要参考中国金融学会绿色金融专业委员会编制的《绿色债券支持项目目录》要求，重点支持节能、污染防治、资源节约与循环利用、清洁交通、清洁能源、生态保护和适应气候变化等绿色产业

类别	时间	政策文件名称	发布机构	主要内容
气候债券	2018年4月	《上海证券交易所服务绿色发展推进绿色金融愿景与行动计划（2018—2020年）》	上海证券交易所	推动股票市场支持绿色发展；积极发展绿色债券；大力推进绿色投资；深化绿色金融国际合作；加强绿色金融研究和宣传
	2019年1月	《关于在上海证券交易所设立科创板并试点注册制的实施意见》	证监会	准确把握科创板定位。重点支持新一代信息技术、高端装备、新材料、新能源、节能环保以及生物医药等高新技术产业和战略性新兴产业，推动互联网、大数据、云计算、人工智能和制造业深度融合，引领中高端消费，推动质量变革、效率变革、动力变革
	2021年4月	《绿色债券支持项目目录（2021年版）》	中国人民银行	规定了绿色债券支持节能环保产业、清洁生产产业、清洁能源产业、生态环境产业、基础设施绿色升级及绿色服务六大领域的若干项目
气候保险	2015年12月	《关于保险业履行社会责任的指导意见》	保监会	利用科技保险支持环保科技创新。加大对环保科技创新的支持力度，为新能源、清洁生产、环境治理、循环经济等产业提供更好的保险服务，促进生态环境改善
	2016年8月	《中国保险业发展"十三五"规划纲要》	保监会	配合国家新能源战略，加快发展绿色保险；参与国家灾害救助体系建设，探索符合我国国情的巨灾指数保险试点，推动巨灾债券的应用；创新支农惠农方式，积极开展地方特色农产品保险、天气指数保险等
	2018年5月	《环境污染强制责任保险管理办法》	生态环境部、银保监会	在中华人民共和国境内从事环境高风险经营活动的企业事业单位或其他生产经营者（以下简称环境高风险企业），应当投保环境污染强制责任保险
	2018年6月	《中国保险资产管理业绿色投资倡议书》	中国保险资产管理业协会	践行绿色投资理念。鼓励保险机构发布绿色投资责任报告，积极扩大清洁能源、节能减排、环境保护、绿色建筑、绿色交通等领域项目的参与程度，充分对接绿色主体融资需求，当好绿色经济发展的"稳定器"和"压舱石"。打造绿色投资特色体系。促进污染防治、节能减排、新能源等领域的技术进步
碳市场建设	2014年11月	《关于创新重点领域投融资机制鼓励社会投资的指导意见》	国务院	推进排污权、碳排放权交易试点，鼓励社会资本参与污染减排和排污权、碳排放权交易
	2016年1月	《关于切实做好全国碳排放权交易市场启动重点工作的通知》	国家发展改革委	请各地方落实建立碳排放权交易市场所需的工作经费，争取安排专项资金，专门支持碳排放权交易相关工作。此外，也应积极开展对外合作，利用合作资金支持能力建设等基础工作。各央企集团应为本集团内企业加强碳排放管理工作安排经费支持，支持开展能力建设、数据报送等相关工作

类别	时间	政策文件名称	发布机构	主要内容
碳市场建设	2017年12月	《全国碳排放权交易市场建设方案（发电行业）》	国家发展改革委	自本方案印发之后，分三阶段（基础建设期、模拟运行期、深化完善期）稳步推进碳市场建设工作
	2018年12月	《深圳市人民政府关于构建绿色金融体系的实施意见》	深圳市人民政府	创新碳金融产品与服务。完善碳金融增信担保机制
气候投资	2018年11月	《绿色投资指引（试行）》	中国证券投资基金业协会	合理控制基金资产的碳排放水平，将基金资产优先投资于资源使用效率更高、排放水平更低的公司及产业
综合	2007年6月	《关于改进和加强节能环保领域金融服务工作的指导意见》	中国人民银行	各银行类金融机构要研究有关节能环保产业经济发展特点，充分利用财政资金的杠杆作用，开展金融产品和信贷管理制度创新，建立信贷支持节能减排技术创新和节能环保技术改造的长效机制
	2008年12月	《关于进一步做好农田水利基本建设金融服务工作的意见》	中国人民银行	规定了各金融机构支持加强农田水利基本建设的信贷投放重点
	2009年12月	《关于进一步做好金融服务支持重点产业调整振兴和抑制部分行业产能过剩的指导意见》	中国人民银行、银监会、证监会、保监会	对国家产业政策鼓励发展的新能源、节能环保、新材料、新医药、生物species种、信息网络、新能源汽车等战略性新兴产业，要积极研发适销对路的金融创新产品，优化信贷管理制度和业务流程，加大配套金融服务和支持，促进和推动战略性新兴产业的技术集成、产业集群、要素集约，支持培育新的经济增长点
	2010年5月	《关于进一步做好支持节能减排和淘汰落后产能金融服务工作的意见》	中国人民银行、银监会	积极鼓励银行业金融机构加快金融产品和服务方式创新，通过应收账款抵押、清洁发展机制（CDM）预期收益抵押、股权质押、保理等方式扩大节能减排和淘汰落后产能的融资来源；全面做好中小企业，特别是小企业的节能减排金融服务；发挥好征信系统在促进节能减排和淘汰落后产能方面的激励和约束作用；积极拓宽清洁发展机制项目融资渠道，支持发展循环经济和森林碳汇经济；在有条件的地区，探索试行排放权交易，发展多元化的碳排放配额交易市场
	2010年6月	《关于进一步做好中小企业金融服务工作的若干意见》	中国人民银行、银监会、证监会、保监会	鼓励对纳入环境保护、节能节水企业所得税优惠目录投资项目的支持，促进中小企业节能减排和清洁生产
	2010年8月	《关于规范银信理财合作业务有关事项的通知》	银监会	信托公司的理财要积极落实国家宏观经济政策，引导资金投向有效益的新能源、新材料、节能环保、生物医药、信息网络、高端制造产业等新兴产业，为经济发展模式转型和产业结构调整做出积极贡献

续表

类别	时间	政策文件名称	发布机构	主要内容
综合	2011 年 2 月	《关于全面做好农村金融服务工作的通知》	银监会	农业发展银行要注重发挥中长期政策性贷款业务优势，继续加大在大型灌区、重点中型灌区续建配套和节水改造项目、大中型灌溉排水泵站更新改造等农田水利基本建设项目的中长期贷款投放
	2013 年 7 月	《关于金融支持经济结构调整和转型升级的指导意见》	国务院	加大对有市场发展前景的先进制造业、战略性新兴产业、现代信息技术产业和信息消费、劳动密集型产业、服务业、传统产业改造升级以及绿色环保等领域的资金支持力度
	2014 年 7 月	《关于金融支持农业规模化生产和集约化经营的指导意见》	银监会、农业部	银行业金融机构要主动适应现代农业发展要求，积极支持农业生产方式转变和农业经营方式创新，持续加大对农业规模化生产和集约化经营重点领域的支持力度，有效促进农业综合生产能力提升
	2016 年 2 月	《城市适应气候变化行动方案》	国家发展改革委、住建部	强化各种商业保险、风险基金以及再保险等金融措施，加强适应气候变化的保险创新，发挥资本市场的融资功能
	2017 年 6 月	《广东省广州市建设绿色金融改革创新试验区总体方案》	中国人民银行、国家发展改革委、财政部、环境保护部、银监会、证监会、保监会	培育发展绿色金融组织体系；创新发展绿色金融产品和服务；支持绿色产业拓宽融资渠道；稳妥有序探索建设环境权益交易市场；加快发展绿色保险；夯实绿色金融基础设施；加强绿色金融对外交流合作；构建绿色金融服务主导产业转型升级发展机制；建立绿色金融风险防范化解机制
	2017 年 6 月	《浙江省湖州市、衢州市建设绿色金融改革创新试验区总体方案》	中国人民银行、国家发展改革委、财政部、环境保护部、银监会、证监会、保监会	加强金融、财政、产业、土地、水利、环境保护等领域的协调配合，突出特色，合理设计符合实际需求的金融产品，注重对环境保护、节水、节能、新能源与可再生能源、清洁能源、绿色交通、绿色建筑等绿色项目的金融支持
	2017 年 6 月	《江西省赣江新区建设绿色金融改革创新试验区总体方案》	中国人民银行、国家发展改革委、财政部、环境保护部、银监会、证监会、保监会	构建绿色金融组织体系；创新发展绿色金融产品和服务；拓宽绿色产业融资渠道；稳妥有序探索建设环境权益交易市场；发展绿色保险；夯实绿色金融基础设施；构建服务产业转型升级的绿色金融发展机制；建立绿色金融风险防范机制
	2017 年 6 月	《贵州省贵安新区建设绿色金融改革创新试验区总体方案》	中国人民银行、国家发展改革委、财政部、环境保护部、银监会、证监会、保监会	建立多层次绿色金融组织机构体系；加快绿色金融产品和服务方式创新；拓宽绿色产业融资渠道；加快发展绿色保险；夯实绿色金融基础设施；构建绿色金融风险防范化解机制
	2017 年 6 月	《新疆维吾尔自治区哈密市、昌吉州和克拉玛依市建设绿色金融改革创新试验区总体方案》	中国人民银行、国家发展改革委、财政部、环境保护部、银监会、证监会、保监会	培育发展绿色金融组织体系；创新发展绿色金融产品和服务；拓宽绿色产业融资渠道；稳妥有序探索开展环境权益交易；加快发展绿色保险；夯实绿色金融基础设施；构建绿色金融服务产业转型升级发展机制；建立绿色金融支持中小城市发展和特色小城镇的体制机制；构建绿色金融风险防范化解机制

续表

类别	时间	政策文件名称	发布机构	主要内容
综合	2020 年 1 月	《关于推动银行业和保险业高质量发展的指导意见》	银保监会	大力发展绿色金融，探索碳金融、气候债券、蓝色债券、环境污染责任保险、气候保险等创新型绿色金融产品，支持绿色、低碳、循环经济发展
	2020 年 5 月	《关于营造更好发展环境支持民营节能环保企业健康发展的实施意见》	国家发展改革委、工业和信息化部、科技部、生态环境部、银保监会、全国工商联	鼓励金融机构将环境、社会、治理要求纳入业务流程，提升对民营节能环保企业的绿色金融专业服务水平，大力发展绿色融资。积极发展绿色信贷，加强就国家重大节能环保项目的信息沟通，积极对符合条件的项目加大融资支持力度。支持符合条件的民营节能环保企业发行绿色债券，统一国内绿色债券界定标准，发布与《绿色产业指导目录（2019 年版）》相一致的绿色债券支持项目目录。拓宽节能环保产业增信方式，积极探索将用能权、碳排放权、排污权、合同能源管理未来收益权、特许经营收费权等纳入融资质押担保范围
	2020 年 7 月	《关于组织开展绿色产业示范基地建设的通知》	国家发展改革委	加大绿色信贷、绿色债券的支持力度，支持绿色产业示范基地开展绿色金融创新
	2021 年 2 月	《关于加快建立健全绿色低碳循环发展经济体系的指导意见》	国务院	强化法律法规支撑，健全绿色收费价格机制，加大财税扶持力度，大力发展绿色金融，完善绿色标准、绿色认证体系和统计监测制度，培育绿色交易市场机制
其他	2018 年 9 月	《上市公司治理准则》	证监会	上市公司应当积极践行绿色发展理念，将生态环保要求融入发展战略和公司治理过程，主动参与生态文明建设，在污染防治、资源节约、生态保护等方面发挥示范引领作用
	2019 年 8 月	《关于加快发展流通促进商业消费的意见》	国务院	鼓励金融机构对居民购买新能源汽车、绿色智能家电、智能家居、节水器具等绿色智能产品提供信贷支持，加大对新消费领域金融支持力度

注：关于"标准体系"的相关政策详见 3.3.4

3.3.4　标准体系

"十三五"以来，我国绿色金融标准体系逐步建立，不仅包含了金融机构所支持的项目层面，而且也包含了企业和金融机构自身层面，具体内容涉及项目分类、投资主体的信息披露及绩效评价等。根据《关于促进应对气候变化投融资的指导意见》，我国气候投融资标准体系的完善也主要包括气候项目标准的制订、气候信息披露标准的完善、气候绩效评价标准的建立等三个方面。因此，本节分别从项目分类标准、信息披露标准及绩效评价标准等三个方面进行介绍。

1. 项目分类标准

近年来相关主管部门基于不同的背景和目标出台了多项绿色项目分类标准，比较典型的包括《绿色产业指导目录（2019年版）》《绿色债券支持项目目录（2021年版）》及《节能环保清洁产业统计分类（2021）》，2021年10月发布的《气候投融资项目分类指南》为气候投融资项目的认定提供了参考依据。这些目录、指南的出台对于厘清绿色低碳产业和项目、引导资金流向具有重要意义。

《绿色产业指导目录（2019年版）》是由国家发展改革委、工业和信息化部、自然资源部、生态环境部、住建部、中国人民银行、国家能源局联合印发的，首次清晰界定了绿色产业的具体内容，解决了绿色产业概念模糊、标准不一的问题，有利于各地各部门推出更精准的绿色产业支持政策，引导社会资金投向绿色产业，促进绿色产业高质量发展。《绿色产业指导目录（2019年版）》一级目录包括6个，二级目录包括30个，三级目录包括211个，不仅明确了绿色产业的领域，而且还提出了一定的技术标准，比如对于节能锅炉制造子项，规定了锅炉的热效率、污染物排放浓度等技术标准，从而有利于全面引导绿色产业升级，促进绿色产业高质量发展（表3-4）。

表3-4　《绿色产业指导目录（2019年版）》

一级目录	二级目录	一级目录	二级目录
节能环保产业	高效节能装备制造	生态环境产业	生态农业
	先进环保装备制造		生态保护
	资源循环利用装备制造		生态修复
	新能源汽车和绿色船舶制造	基础设施绿色升级	建筑节能与绿色建筑
	节能改造		绿色交通
	污染治理		环境基础设施
	资源循环利用		城镇能源基础设施
清洁生产产业	产业园区绿色升级		海绵城市
	无毒无害原料替代使用与危险废物治理		园林绿化
	生产过程废气处理处置及资源化综合利用	绿色服务	咨询服务
	生产过程节水和废水处理处置及资源化综合利用		项目运营管理
	生产过程废渣处理处置及资源化综合利用		项目评估审计核查
清洁能源产业	新能源与清洁能源装备制造		监测检测
	清洁能源设施建设和运营		
	传统能源清洁高效利用		技术产品认证和推广
	能源系统高效运行		

　　《绿色债券支持项目目录（2021 年版）》是对《绿色债券支持项目目录（2015年版）》的首次更新，新版目录统一了国内绿色债券标准（在此之前证监会、上海证券交易所、深圳证券交易所、中国银行间市场交易商协会引用 2015 年版目录，同时企业发行债券需要遵循《绿色债券发行指引》），并与国际相关标准接轨。新版目录将绿色项目分为节能环保产业、清洁生产产业、清洁能源产业、生态环境产业、基础设施绿色升级、绿色服务 6 大领域，每一领域下设有二级目录，二级目录又细分为三级和四级，四级目录已经具体到项目名称（表 3-5）。与 2015 年版相比，新版目录增加了绿色服务与绿色装备制造类项目，包括"高效节能装备制造""先进环保装备制造""资源循环利用装备制造"等，在具体支持项目层面，还增加了二氧化碳捕集、利用与封存的绿色项目等新型技术项目，从而有利于更好地服务新时期国内绿色产业发展和生态文明建设的战略目标。

表 3-5　《绿色债券支持项目目录（2021 年版）》项目分类

一级目录	二级目录	一级目录	二级目录
节能环保产业	能效提升	生态环境产业	绿色农业
	可持续建筑		生态保护与建设
	污染防治	基础设施绿色升级	能效提升
	水资源节约和非常规水资源利用		可持续建筑
	资源综合利用		污染防治
	绿色交通		水资源节约和非常规水资源利用
清洁生产产业	污染防治		绿色交通
	绿色农业		生态保护与建设
	资源综合利用	绿色服务	咨询服务
	水资源节约和非常规水资源利用		运营管理服务
清洁能源产业	能效提升		项目评估审计核查服务
	清洁能源		监测检测服务
			技术产品认证和推广

　　《节能环保清洁产业统计分类（2021）》是国家统计局发布的、主要用于各地区各部门开展统计监测与分析等相关工作时对环保清洁产业的界定。该分类将节能环保清洁产业分为节能环保产业、清洁生产产业和清洁能源产业三大类，每一大类下面又包含了具体的项目（表 3-6）。在制定该统计分类标准时，主要以《绿色产业指导目录（2019 年版）》为依据，确定了分类的框架与范围，以《国民经济行业分类》（GB/T 4754—2017）为基础，对符合节能环保清洁产业特征的有关活动进行再分类。

表 3-6　《节能环保清洁产业统计分类（2021）》项目分类

一级分类	二级分类	三级分类	一级分类	二级分类	三级分类
节能环保产业	高效节能产业	高效节能通用设备制造	清洁生产产业	清洁生产技术服务业	生产过程废气、废水、废渣处理及资源化综合利用
		高效节能专用设备制造			危险废物运输
		高效节能电气机械和器材制造	清洁能源产业	核电产业	核燃料加工及设备制造
		节能计控设备制造			核电装备制造
		绿色节能建筑材料制造			核电运营、工程施工与技术服务
		节能工程勘察设计与施工		风能产业	风能发电装备制造
		节能技术研发与技术服务			风能发电运营、工程施工与技术服务
	先进环保产业	环境污染防治和处理设备制造		太阳能产业	太阳能设备和生产装备制造
		环境污染处理药剂与材料制造			太阳能材料制造
		环境监测仪器设备制造			太阳能发电运营、工程施工与技术服务
		环保工程勘察设计与施工		生物质能产业	生物质燃料加工及生物质能设备制造
		环境评估与监测服务			生物质能发电
		生态环境保护及污染治理服务			生物质能供热
		环保技术研发与技术服务			生物质能燃气生产与供应
	资源循环利用产业	资源循环利用装备制造			生物质能发电工程施工与技术服务
		矿产资源综合利用			
		工业固体废物、废气、废液回收和资源化综合利用			
		城乡生活垃圾与农林废弃资源综合利用		水力发电产业	水力发电和抽水蓄能装备制造
		汽车零部件及机电产品再制造			水力发电运营、工程施工与技术服务
		水资源循环利用			
	绿色交通车船和设备制造产业	新能源汽车节能环保关键零部件制造		智能电网产业	智能电力控制设备及电缆制造
		充电、换电、加氢及加气设施制造			电力电子基础元器件制造
					智能电网输送与配电
		绿色船舶制造			智能电网技术服务
清洁生产产业	清洁生产原料制造业	高效低毒低残留农药制造		其他清洁能源产业	其他清洁能源装备制造
		无毒无害原料制造			其他清洁能源运营、工程施工与技术服务
		清洁包装原料制造			
	清洁生产设备制造和设施建设业	清洁生产设备制造		传统能源清洁高效利用产业	传统能源清洁生产
		清洁生产设施建设			传统能源清洁运营、工程施工与技术服务
	清洁生产技术服务业	清洁生产技术研发与推广			
		生产过程节水和水资源高效利用			

　　《气候投融资项目分类指南》由中国环境科学学会气候投融资专业委员会提出，并由中国技术经济学会于 2021 年 10 月份发布。作为我国气候投融资领域出台的首个项目分类标准，《气候投融资项目分类指南》对气候投融资项目的范围、术语和定义、分类标准等做了全面规定，创新地以减缓和适应作为分类标准，并与《绿色产业指导目录（2019 年版）》《绿色债券支持项目目录（2021 年版）》等现行标准衔接，既体现了气候投融资是绿色金融重要组成部分这一原则，也结合气候领域自身的特点进行了拓展（表 3-7）。

表 3-7　《气候投融资项目分类指南》项目分类

减缓项目		适应项目	
一级分类	二级分类	一级分类	二级分类
低碳产业体系	低碳工业	重点领域气候变化适应能力提升	城乡基础设施适应能力提升
	低碳农业		
	低碳建筑及建筑节能		水资源管理和设施建设
	低碳交通		
	低碳服务		农业与林业适应能力
	低碳供应链服务		
低碳能源	可再生能源利用		
碳捕集、利用与封存试点示范	碳捕集、利用与封存设施建设与运营		海洋及海岸带适应能力
	碳捕集、利用与封存设备制造		
控制非能源活动温室气体排放	减少甲烷逃逸排放		防灾减灾体系建设
	生产过程碳减排		
	控制氢氟碳化物（HFCs）	适应基础能力及基础设施建设	生态脆弱地区适应能力
	废弃物及废水处理处置		
增加碳汇	森林碳汇		人群健康领域适应能力
	生态系统碳汇		

　　以上关于标准体系建设的四个文件对识别绿色低碳项目、引导社会资金流入相关产业具有重要意义。但是因为相关文件发布的机构及目的不同，上述文件在具体内容上有不同点。

　　第一，《绿色产业指导目录（2019 年版）》将"煤炭清洁利用"纳入污染防治或清洁能源范畴，而《绿色债券支持项目目录（2021 年版）》则删除了这一项。不仅如此，2021 年版目录还去除了《绿色产业指导目录（2019 年版）》中多项与化石能源直接相关的三级目录项目，剔除了长期以来提升国内外绿色债券标准一致性的主要技术障碍。

第二，《绿色债券支持项目目录（2021年版）》的"说明/条件"列对每个四级分类所包含的项目范围进行解释，同时对各个项目需满足的标准进一步细化，并设置了技术筛选标准和详细说明，提供了可供参考的推荐性国家标准，在实践中的操作性更强。

第三，《节能环保清洁产业统计分类（2021）》是在《绿色产业指导目录（2019年版）》的基础上编制的，与《绿色产业指导目录（2019年版）》中相同产品和服务的节能环保清洁标准保持一致，但前者作为一种统计口径，立足于现行的统计制度，更加注重实际的可操作性，为采集节能环保清洁产业活动的数据提供了保证。

第四，与《绿色产业指导目录（2019年版）》相比，《气候投融资项目分类指南》删除了传统能源清洁高效利用，即"低碳能源"项目覆盖范围小于"清洁能源产业"覆盖范围。与《绿色债券支持项目目录（2021年版）》相比，《气候投融资项目分类指南》更加注重于气候效益，而《绿色债券支持项目目录（2021年版）》侧重于整体的环境保护，应用范围大于《气候投融资项目分类指南》，但是《气候投融资项目分类指南》新增了专门用于应对气候变化的防灾减灾体系建设及提升能源设施适应能力的措施，体现了其"气候导向"特征。

2. 信息披露标准

我国信息披露政策最早可以追溯到2006年《上市公司社会责任指引》。为保障投资者利益和接受社会公众的监督，法律规定上市公司必须公开或公布有关信息和资料。自2015年新《中华人民共和国环境保护法》开始实施后，环境信息披露也开始得到重视。2016年中国人民银行、财政部等七部委联合印发的《关于构建绿色金融体系指导意见》和2017年证监会与环境保护部签署的《关于共同开展上市公司环境信息披露工作的合作协议》，均明确要求上市公司及重点排污单位披露环境信息，并且提出要分步建立强制性上市公司披露环境信息的制度。信息披露从自愿性逐步转化为强制性，信息披露相关内容主要集中于污染物排放、环境守法等。

自2020年我国提出碳达峰、碳中和目标以来，气候相关信息披露进程明显加快，2021年主管部门密集出台了多项信息披露标准。比如，证监会发布了《公开发行证券的公司信息披露内容与格式准则第3号—半年度报告的内容与格式（2021年修订）》和《公开发行证券的公司信息披露内容与格式准则第2号—年度报告的内容与格式（2021年修订）》，新增了环境和社会责任章节，要求全部上市公司需披露报告期内因环境问题受到行政处罚的情况，并鼓励公司自愿披露为减少其碳排放所采取的措施及效果；中国人民银行发布了《金融机构环境信息披露指南》，就金融机构应当披露的信息、披露的原则、披露形式、披露频次及披露内容进行了详细阐述，明确要求金融机构披露自身经营活动和投融资活动对环境影响的相关信息与气候和环境因素对金融机构机遇和风险影响的相关信息；生态环境部发布的《企业环境信息依法披露管理办法》明确规定了企业环境信息披露的主体、披露内容、披露时限及相关的监管、处罚措施，要求符合相关规定的、环境影响大、公众关注度高的企业以年度环境信息依法披露报告和临时环境信息依法披露报告两种形式，披露包括碳排放、环境污染与治理在内的八类信息，并上传至环境信息依法披露系统，以实现披露信息的互联互通、共享共用，如表 3-8 所示。

表 3-8　上市公司及金融机构信息披露标准

对象	时间	文件	发布机构	主要内容
上市公司环境信息披露	2006 年 9 月 25 日	《上市公司社会责任指引》	深圳证券交易所	将社会责任引入上市公司，鼓励上市公司积极履行社会责任，自愿披露社会责任的相关制度建设
	2008 年 5 月 14 日	《上海证券交易所上市公司环境信息披露指引》	上海证券交易所	对从事火力发电、钢铁、水泥、电解铝、矿产开发等对环境影响较大行业的公司，应当披露前款第（一）至（七）项所列的环境信息，并应重点说明公司在环保投资和环境技术开发方面的工作情况
	2010 年 9 月 14 日	《上市公司环境信息披露指南》（征求意见稿）	环境保护部	上市公司应在环境保护部网站和公司网站上同时发布年度环境报告，在环保部网站、中国环境报和公司网站上同时发布临时环境报告
	2015 年 7 月	《港交所主板上市规则》	香港证券交易所	发行人需要在年报或者另外刊发的环境、社会及管制报告中披露《环境、社会及管制报告》指引中规定的需要强制披露的内容
	2017 年 12 月	《公开发行证券的公司信息披露内容与格式准则第 2 号——年度报告的内容与格式（2017 年修订）》《公开发行证券的公司信息披露内容与格式准则第 3 号——半年度报告的内容与格式（2017 年修订）》	证监会	（1）属于环境保护部门公布的重点排污单位的公司或其重要子公司，应当根据法律、法规及部门规章的规定披露以下主要环境信息：排污信息、防治污染设施的建设和运行情况、建设项目环境影响评价及其他环境保护行政许可情况、突发环境事件应急预案、环境自行监测方案、报告期内因环境问题受到行政处罚的情况、其他应当公开的环境信息（2）对于重点排污单位之外的公司可以参照上述要求披露其环境信息，鼓励公司自愿披露有利于保护生态、防治污染、履行环境责任的相关信息
	2021 年 6 月 28 日	《公开发行证券的公司信息披露内容与格式准则第 2 号—年度报告的内容与格式（2021 年修订）》	证监会	属于环境保护部门公布的重点排污单位的公司或其主要子公司，应当根据法律、行政法规、部门规章及规范性文件的规定披露以下主要环境信息

续表

对象	时间	文件	发布机构	主要内容
上市公司环境信息披露	2021年12月11日	《企业环境信息依法披露管理办法》	生态环境部	（1）企业应当建立健全环境信息依法披露管理制度，规范工作规程，明确工作职责，建立准确的环境信息管理台账，妥善保存相关原始记录，科学统计归集相关环境信息 （2）企业应当按照准则编制年度环境信息依法披露报告和临时环境信息依法披露报告，并上传至企业环境信息依法披露系统 （3）企业应当于每年3月15日前披露上一年度1月1日至12月31日的环境信息
金融机构环境信息披露	2020年10月29日	《深圳经济特区绿色金融条例》	深圳市人民代表大会常务委员会	（1）金融机构应当依照本条例规定对资金投向的企业、项目或者资产所产生的环境影响信息进行披露；接受投资的企业或者项目、资产所属企业应当按照要求向金融机构提交环境信息资料 （2）环境信息披露责任主体应当在每年6月30日前，以财务报告、环境信息披露报告、企业社会责任报告、环境报告或者环境、社会和管治报告等形式，合并或者单独披露上一年度的环境信息 （3）环境信息披露责任主体应当向监管部门指定的平台以及绿色金融公共服务平台提交披露报告，按照规定在其互联网官方网站以及报告平台公开披露相关环境信息 （4）在深圳市注册的金融行业上市公司，按照上市交易平台关于环境信息披露的要求进行披露；绿色金融债券发行人，按照国家金融监管部门关于绿色债券发行披露的要求进行披露；享受绿色金融优惠政策的金融机构，按照优惠政策制定部门关于环境信息披露的要求进行披露；符合本条例第三十九条第二款规定的金融机构，按照国家金融监管部门关于环境信息披露的要求进行披露
	2021年7月22日	《金融机构环境信息披露指南》	中国人民银行	（1）披露原则：真实、及时、一致、连贯 （2）披露形式与频次 　披露形式：编制发布专门的环境信息报告、在社会责任报告中对外披露、在年度报告中对外披露 　披露频次：鼓励金融机构每年至少对外披露一次本机构环境信息 （3）披露内容：年度概况；金融机构环境相关治理结构；金融机构环境相关政策制度；金融机构环境相关产品与服务创新；金融机构环境风险管理流程；环境因素对金融机构的影响；金融机构投融资活动的环境影响；金融机构经营活动的环境影响；数据梳理、校验及保护；绿色金融创新及研究成果；其他环境相关信息

3. 绩效评价标准

《关于促进应对气候变化投融资的指导意见》明确提出，鼓励信用评级机构将环境、社会和治理等因素纳入评级方法和鼓励对金融机构、企业和各地区的应对气候变化表现进行科学评价和社会监督。但我国尚未建立专门的气候投融资绩效评价标准，只是在对企业和金融机构的评价标准中涉及了相关指标。从企业评价标准来看，我国从 21 世纪初就陆续出台了关于企业环境绩效评价的政策，主要的绩效评价指标有环保设施指标、环境污染及资源耗费指标、企业自主治理指标、循环利用指标、法规制度遵循指标及社会反响指标，每一评价指标又下设多个具体指标，环保部门根据企业环境信息，按照一定的指标和程序，对其进行综合评价定级，并向社会公布。从金融机构评价标准来看，最具参考价值的是 2021 年 6月中国人民银行出台的《银行业金融机构绿色金融评价方案》，该方案以《关于构建绿色金融体系的指导意见》为背景，结合碳达峰、碳中和的目标，覆盖范围更广，指标设定更为科学，评价结果的应用情景也更为完善，对引导绿色金融业务发展、提升金融支持绿色低碳高质量发展的能力具有重要意义，如表 3-9 所示。

表 3-9　金融机构绿色金融绩效及其他企业环境绩效评价

对象	时间	文件名称	发布机构	主要内容
金融机构	2014 年6 月	《绿色信贷实施情况关键评价指标》	银监会	设计了定性和定量两大类指标
	2017 年12 月	《中国银行业绿色银行评价实施方案（试行）》	中国银行业协会	绿色银行评价遵循"专业、独立、公正"的原则，全面、审慎、客观评价参评银行的绿色银行工作情况，引导银行业在"风险可控、商业可持续"的前提下，积极支持绿色、循环、低碳经济，有效防范环境和社会风险，提升银行机构自身环境和社会表现
	2018 年7 月	《银行业存款类金融机构绿色信贷业绩评价方案（试行）》	中国人民银行	（1）绿色信贷业绩评价指标设置定量和定性两类，其中，定量指标权重 80%，定性指标权重 20%。后期，人民银行根据条件变化，酌情调整指标权重 （2）绿色信贷业绩评价定量指标包括绿色贷款余额占比、绿色贷款余额份额占比、绿色贷款增量占比、绿色贷款余额同比增速、绿色贷款不良率 5 项 （3）绿色信贷业绩评价定性得分由人民银行综合考虑银行业存款类金融机构日常经营情况并参考定性指标体系确定
	2021 年1 月	《商业银行绩效评价办法》	财政部	（1）商业银行绩效评价维度包括服务国家发展目标和实体经济、发展质量、风险防控、经营效益等四个方面，评价重点是服务实体经济、服务经济重点领域和薄弱环节情况，以及经济效益、股东回报、资产质量等 （2）财政部门根据商业银行绩效评价指标特性，可以采用适当的单一或综合评价方式
	2021 年5 月	《银行业金融机构绿色金融评价方案》	中国人民银行	（1）绿色金融评价指标包括定量和定性两类。其中，定量指标权重 80%，定性指标权重 20%。中国人民银行将根据绿色金融发展的需要，适时调整评价指标及其权重 （2）绿色金融评价定量指标包括绿色金融业务总额占比、绿色金融业务总额份额占比、绿色金融业务总额同比增速、绿色金融业务风险总额占比等 4 项 （3）绿色金融评价定性得分由中国人民银行结合银行业金融机构日常管理、风险控制等情况并根据定性指标体系确定

续表

对象	时间	文件名称	发布机构	主要内容
其他企业	2003 年 6 月	《关于对申请上市的企业和申请再融资的上市企业进行环境保护核查的规定》	国家环保总局	规定了对申请上市的企业和申请再融资的上市企业进行环境保护核查的内容和要求及核查程序
	2003 年 5 月	《关于开展创建国家环境友好企业活动的通知》	国家环保总局	通过创建"国家环境友好企业",树立一批经济效益突出、资源合理利用、环境清洁优美、环境与经济协调发展的企业典范,促进企业开展清洁生产,深化工业污染防治,走新型工业化道路
	2005 年 11 月	《关于加快推进企业环境行为评价工作的意见》	国家环保总局	确定企业环境行为评价标准。企业环境行为评价指标体系,包括企业污染物排放行为、环境管理行为、环境社会行为、环境守法或违法行为等方面
	2013 年 12 月	《企业环境信用评价办法（试行）》	环境保护部、国家发展改革委、中国人民银行、银监会	（1）企业环境信用评价内容,包括污染防治、生态保护、环境管理、社会监督四个方面 （2）企业的环境信用,分为环境诚信企业、环保良好企业、环保警示企业、环保不良企业四个等级,依次以绿牌、蓝牌、黄牌、红牌表示 （3）环保部门根据参评企业的环境行为信息,按照企业环境信用评价指标及评分方法,得出参评企业的评分结果,确定参评企业的环境信用等级
	2014 年 11 月	《江河湖泊生态环境保护项目资金绩效评价暂行办法》	财政部、环境保护部	设计绩效评价指标用于衡量绩效目标实现程度和相关工作进展情况。各类绩效评价指标权重为:生态环境效益评价指标满分 100 分,权重 40%;投融资效率评价指标满分 100 分,权重 30%;管理效力评价指标满分 100 分,权重 30%
	2020 年 11 月	《建设项目环境影响评价分类管理名录（2021年版）》	生态环境部	根据建设项目特征和所在区域的环境敏感程度,综合考虑建设项目可能对环境产生的影响,对建设项目的环境影响评价实行分类管理

　　鉴于我国的气候投融资工作是在绿色金融的框架下进行的,其标准制定可以参考绿色金融的相关指标,并结合气候投融资的概念、边界及特点,逐步确立、完善气候投融资的标准,从而引导更多社会资金流入气候投融资领域。

3.4　我国气候资金的来源

　　我国的气候融资来自国内气候融资和国际气候融资。其中,国内气候融资是指完全在国内市场筹集的资金,包括国内财政资金、国内碳市场、国内慈善事业、国内传统金融市场及企业直接投资等;国际气候融资是指中国从国际市场获得的或者资金来源与国际市场有关的资金，包括来自发达国家的公共资金，以及国际碳市场、国际慈善事业、国际传统金融市场及外商直接投资提供的资金等。气候资金的主要媒介机构通过使用多种不同的融资工具向气候领域进行投资，包括赠款、优惠贷款、政策激励、碳信用及衍生品、绿色债券、市场利率贷款和股权类等。

3.4.1　国内资金

1. 国内公共资金

1）资金规模

公共资金是气候融资的先导力量，也是目前的主要资金来源。由于绿色低碳方案往往意味着成本增加，如果公共财政资金能够承担这一部分增量成本，则有助于撬动更多私人资本投入到应对气候变化的解决方案中。因此，尽管在资金总量中的比例有限，公共资金在气候融资中起到了非常关键的先导作用。

国内投向气候变化领域的公共财政资金目前主要来自公共财政预算，通过直接赠款、以奖代补、税收减免、政策性基金、投资国有资产及政策性银行等形式，支持了早期中国应对气候变化的行动，并带动了更多社会资金的投入。

近年来我国投向气候减缓与适应领域的公共预算资金规模大幅增加。中国从"十一五"时期开始，逐渐将节能减排和应对气候变化上升为国家战略，相应地，财政投入也呈现大幅增加的趋势。表 3-10 整理了我国在节能环保、农林水（仅包含南水北调和水利）、交通运输（仅包含铁路运输）等气候相关活动的全国一般公共决算支出。

表 3-10　2011～2018 年一般公共决算支出（决算数）（单位：亿元）

年份	节能环保支出	农林水支出（针对南水北调和水利）	交通运输支出（针对铁路运输）	援助其他地区支出（针对节能环保项目）	合计
2011	1456.75	2671.68	643.26	0	4771.69
2012	1605.08	3317.07	883.12	0	5805.27
2013	1993.14	3434.54	788.89	0.54	6217.11
2014	2197.36	3548.25	1061.55	5.5	6812.66
2015	2815.33	4889.62	1005.13	4.18	8714.26
2016	2657.69	4499.45	866.37	2.04	8025.55
2017	3035.08	4541.00	1237.89	1.67	8815.64
2018	3096.26	4653.52	1339.46	1.55	9090.79

资料来源：历年《中国财政年鉴》

可以看出，这8年间我国在上述四类活动的财政支出中除2016年略有下降外，总体上呈现递增趋势，支出总额从2011年的4771.69亿元增长到2018年的9090.79亿元，几乎翻了一番，其中节能环保支出从2011年的1456.75亿元增长到2018年的3096.26亿元，在四类支出中所占的比重在30%左右。虽然近年来我国节能环保领域的资金不断增加，但是公共资金规模和最终用于气候融资的公共预算规模之间并无必然的相关性，直接与气候变化相关的公共资金收入及明确用于应对气候变化的资金仍然比较有限。

2）资金来源

目前国家公共财政在应对气候变化方面可取得的收入除了税收收入、政府性基金收入、国有资产收入、发行国债等途径外，还包括CDM项目的国家收入和可再生能源电价附加。

中国CDM基金（以下简称清洁基金）是财政支持应对气候变化和促进低碳发展机制创新的一个范例，也是发展中国家首次建立的国家层面专门应对气候变化的基金。清洁基金是中国参与《京都议定书》框架下CDM国际合作的一项重要成果，清洁基金资金当前主要来自中国企业参与CDM项目合作产生收益中的国家收入部分。为了有效筹集、管理和使用这部分CDM项目国家收入，2006年8月，国务院批准建立中国清洁发展机制基金及其管理中心，2007年11月，财政部、国家发展改革委联合启动了清洁基金业务运行。作为国务院批准设立的国家层面专门应对气候变化的政策性基金，清洁基金在国家应对气候变化和低碳发展中，肩负着配合财政主渠道提供补充资金、动员社会资金和开展创新示范等职责。2011年8月，我国颁布了《清洁发展机制项目运行管理办法》，其中规定了CDM项目国家收入收取的比例，如表3-11所示。

表 3-11　CDM 项目国家收入比例

项目类别	国家收入比例
氢氟碳化物（HFC）项目	65%
己二酸生产过程中的氧化亚氮（N_2O）项目	30%
硝酸生产过程中的氧化亚氮（N_2O）项目	30%
全氢氟化物（PFC）项目	65%
其他类型项目	2%

清洁基金自设立以来，积极履行其创建宗旨，即通过赠款支持应对气候变化的政策研究、能力建设和提高公众意识的活动，通过委托贷款等有偿使用业务工具，支持具有气候效益的产业活动，撬动了大量社会资金，推动形成绿色低碳的生产生活方式。表3-12列举了近几年CDM赠款业务和委托贷款的支出及资金用

途，可以看出相较于赠款业务，CDM 的资金使用更多体现在委托贷款方面。此外，清洁基金委托贷款主要用于节能和提高能效、清洁能源开发利用与节能装备和材料制造，这三者占其资金使用的 88% 以上，赠款主要支持的项目有支持地方编制和实施应对气候变化规划、推动低碳发展和开展应对气候变化的法律、战略和政策研究，这三种项目占其支持总项目数的 72% 左右（表 3-13）。

表 3-12　不同年份 CDM 赠款业务和委托贷款资金安排及主要用途

业务	年份	金额/亿元	用途
赠款业务	2011	2.60	气候变化的影响和适应，碳市场机制研究，推动低碳发展、支持地方编制和实施应对气候变化规划，提高公众应对气候变化的意识，支持国际谈判和国际合作研究，开展应对气候变化的法律、战略和政策研究
	2012	2.10	
	2013	2.10	
	2014	1.48	
	2015	1.01	
	2016	—	
	2017	—	
委托贷款	2011	10.20	清洁能源开发利用、节能和提高能效、清洁能源装备和材料制造、节能装备和材料制造、碳汇
	2012	24.80	
	2013	28.37	
	2014	41.96	
	2015	24.53	
	2016	18.82	
	2017	14.43	

资料来源：2011～2017 年清洁基金年报（2016 年、2017 年赠款业务无相关支出）。https://www.cdmfund.org/jjnb.html[2021-10-08]

表 3-13　CDM 委托贷款及赠款具体使用情况

2011～2017 年贷款资金支持领域及金额		2008～2017 年基金赠款项目支持领域	
领域	资金金额/亿元	领域	项目数或资金金额
节能和提高能效	92.97	气候变化的影响和适应/个	61
清洁能源开发利用	27.73	碳市场机制研究/个	8
清洁能源装备和材料制造	9.79	推动低碳发展/个	108
节能装备和材料制造	22.84	支持地方编制和实施应对气候变化规划/个	114
碳汇	3.26	提高公众应对气候变化的意识/个	31

续表

2011～2017 年贷款资金支持领域及金额		2008～2017 年基金赠款项目支持领域	
领域	资金金额/亿元	领域	项目数或资金金额
其他	6.52	支持国际谈判和国际合作研究/个	44
		开展应对气候变化的法律、战略和政策研究/个	157
累计贷款资金	163.11	项目对应赠款资金/亿元	11.25

资料来源：2011～2017 年清洁基金年报。https://www.cdmfund.org/jjnb.html[2021-10-08]

政府为了促进新能源的发展与应用而依法向电力用户征收可再生能源电价附加，这是另一部分可直接用于气候变化事业的收入。2006～2016 年，我国可再生能源电价附加征收标准由初期的 0.001 元/千瓦时增加至 2016 年的 0.019 元/千瓦时（表 3-14）。根据第二、三产业及居民用电量，结合电价附加征收标准，可以得到可再生能源合计应征收金额（表 3-15），而我国的可再生能源电价附加实际收入却远远低于应征收金额，这就需要财政公共预算安排的专项资金来补充相关的差额（主要通过中央对地方转移支付的形式）。但是，近年来随着风电、光伏等可再生能源的迅速发展，发电量迅速增加，而财政预算对于可再生能源的支持力度却在下降，二者呈现剪刀差的格局。2013 年，中央对地方转移支付 155 亿元，而 2018 年仅有 70 亿元左右，征收缺口从 2013 年的 150 亿元上升到 2018 年的 280亿元，反映了征收不足、补贴需求大的短期压力。但整体而言，我国的可再生能源发电正在逐步摆脱政府补贴，通过配额制和绿证制度，来解决企业资金不足及弃水、弃风、弃光的问题。2021 年开始，风电和光伏发电进入平价阶段，摆脱了对财政补贴的依赖。

表 3-14　中国可再生能源电价附加征收标准历年调整（单位：元/千瓦时）

年份	可再生能源电价附加征收标准
2006	0.001
2009	0.004
2012	0.008
2013	0.015
2016	0.019

表 3-15　可再生能源电价附加应征收金额与实际收入（单位：亿元）

年份	可再生能源合计应征收金额	可再生能源电价附加实际收入
2012	346	196
2013	451	298

续表

年份	可再生能源合计应征收金额	可再生能源电价附加实际收入
2014	704	491
2015	707	515
2016	930	648
2017	989	706
2018	1068	786

资料来源：《2019 可再生能补多少？中央财政预算已剧透》，https://www.sohu.com/a/308228721_131990[2021-10-08]

　　除上述两项收入外，目前我国公共财政中尚未有专门用于气候变化相关的资金收入，这增加了公共财政支持应对气候变化的资金压力，也导致了用于气候变化领域的财政资金的比例难以获得可持续增长。因此，未来需要探索与气候变化相关的新的公共财政收入来源。

　　3）分配工具和相关用途

　　财政资金支持应对气候变化的途径主要有：通过加大财政资金的投入，建立落后产能淘汰机制，支持气候变化的监测、评估、研究工作；安排财政资金对某些行业进行技术改造；利用财政补贴、财政贴息、政府采购等财政支出手段支持节能减排项目；通过政府直接投资支持节能减排企业和项目的发展、农业基础设施节水改造、水土保持综合治理工程、海洋气候监测等。这些资金通过不同的分配工具，在国家财政科目下，被各投资主管部门从不同渠道分配至各个具体活动和项目，从而发挥其功能。具体来说，气候投融资的主要分配工具如下：①常规财政预算资金投入，是指通过调整财政的投入比重和使用方向，为应对气候变化提供部门事业经费、研发资金及项目建设资金。②政府投资性项目，是指以政府为投资主体，由政府筹集资金投资应对气候变化的建设活动。③专项资金与基金，是指国家财政部门下拨的具有专门指定用途或特殊用途的资金，要求进行单独核算、专款专用。④财政补贴，除了对投资进行的补贴（或奖励）外，还包括对节能、低碳产品给予的消费补贴，以降低产品价格，吸引用户购买。其中，财政贴息是财政补贴的一种重要方式，是指给予投资项目的贷款利息补贴，一般适用于新建或技改项目，用于促进企业在节能降耗方面积极地投资，放大财政资金的使用效果。⑤财政支持担保，可以通过为担保公司提供补贴和专项资助等多种形式进行。⑥财政转移支付，主要是对在改革中财政受损的地区进行补贴，补偿其损失，但又适时推动清洁的、适合其地区特色的战略性产业的发展。根据我国的实际情况，气候减缓和气候适应领域的公共财政资金分配工具及资金用途如表3-16所示。

表 3-16　气候领域公共财政资金分配工具

资金用途	分配工具	主管部门	具体项目
减缓	常规财政预算资金投入	国家发展改革委、工业和信息化部	节能产品惠民工程
		住建部	太阳能光电建筑应用示范项目
			可再生能源建筑应用示范项目
			建筑节能改造项目
		科技部、工业和信息化部、国家发展改革委	新能源汽车推广项目
	政府投资性项目	财政部、国家发展改革委、工业和信息化部	战略性新兴产业（节能环保）项目中央预算内投资计划
	专项资金与基金	交通运输部	交通运输节能减排专项资金
		工业和信息化部	战略性新兴产业发展中央专项资金
			清洁生产专项资金
			节能减排和技术改造专项资金
			科技型中小企业技术创新基金
		国家发展改革委、国家能源局	可再生能源发展专项资金
	财政补贴	财政部、工业和信息化部、国家能源局	"以奖代补"的形式淘汰落后产能
		国家发展改革委	合同能源管理财政奖励
		国家能源局、农业农村部	绿色能源示范县建设补助资金
	财政支持担保	工业和信息化部、科技部	中小企业信用担保资金
	国际合作	财政部	国际农业发展基金会贷款
适应	常规财政预算资金投入	农业农村部、水利部	农田水利等基础设施建设
			大型灌区续建配套与大型灌溉排水泵站更新改造
			农业灌溉项目；推广农田节水技术项目
		中国气象局	气象监测与灾害预警工程项目
	专项资金与基金	农业农村部和地方财政	农业专项资金
			林木良种补贴专项资金
			水利建设投资（含专项资金）
	财政补贴	农业农村部	气候灾害农业补助
		财政部和地方财政	气候灾害综合财力补助
		农业农村部	良种补贴
	财政转移支付	财政部、国家林业和草原局	中央财政林业专项转移支付资金
	国际合作	农业农村部	农业农村部、世界银行适应气候变化试点项目

2. 碳市场

碳定价机制（包括碳市场和碳税）作为一种基于市场的温室气体减排政策工具，是应对气候变化领域的一项重大制度创新，由于其在成本有效性、环境有效性及政治可行性等方面的优势，近年来被越来越多的国家和地区应用于各自的减排实践中。仅在 2020 年，全球范围内的碳定价机制就产生了 530 亿美元的收入，同比增长 17%。根据世界银行的报告，2021 年全球有 64 项碳定价机制正在实施，3 项计划已实施。已实施的碳定价机制覆盖全球 21.5% 的碳排放，远高于 2020 年的 15.1%，主要原因在于我国推出了国家级的碳排放权交易系统。碳排放权交易市场的融资量与交易规模和市场价格密切相关。我国目前 8 个碳排放权交易试点的市场交易状况如表 3-17 所示。由于经济发展阶段、减排目标及碳市场规则设计等方面的不同，8 个碳交易试点价格水平具有较大的差异，从 6 元/吨到 62 元/吨不等。但总体来看，目前试点碳市场价格水平普遍偏低，北京试点碳市场碳价最高，为 61.98 元/吨，远低于欧盟同期的 55 欧元/吨，对于企业减排行为的影响还不是十分显著。

表 3-17　中国试点碳市场交易状况

试点省市	启动时间	累计交易量/万吨	累计交易额/万元	平均碳价/（元/吨）
北京	2013.11.28	1 461.5	90 577.7	61.98
上海	2013.11.26	1 739.7	51 842.5	29.80
广东	2013.12.19	7 755.1	159 065.6	20.51
天津	2013.12.26	920.1	20 103.6	21.85
深圳	2013.6.18	2 710.9	73 751.8	27.21
湖北	2014.4.2	7 827.6	168 834.7	21.57
重庆	2014.6.19	869.0	5 309.5	6.11
福建	2016.12.22	847.0	17 138.0	20.23

资料来源：碳交易网（统计数据截止到 2021 年 6 月 4 日）http://www.tanjiaoyi.com/tanshichang/[2021-10-10]

2021 年 7 月 6 日，全国碳排放权交易市场正式启动上线交易，呈现地方试点市场与全国碳市场并存的局面，纳入全国碳市场的发电企业达 2000 多家，这些企业年碳排放量超过 40 亿吨，我国成为全球覆盖碳排放量最大的碳市场。2021 年 12 月 31 日，全国碳排放权交易市场第一个履约周期顺利结束，碳排放配额累计成交量 1.79 亿吨，累计成交额 76.61 亿元（表 3-18）。按履约量计，履约完成率为 99.5%。12 月 31 日收盘价 54.22 元/吨，较 7 月 16 日首日开盘价上涨 13%，市场运行健康有序，交易价格稳中有升，促进企业减排温室气体和加快绿色低碳转型的作用初步显现。

《2020 年中国碳价调查报告》预测，到 2030 年全国碳市场碳价有望达到 93 元/吨，并于 21 世纪中叶超过 167 元/吨。同时，考虑到我国的碳中和承诺，价格很可能高于预期。"十四五"期间，钢铁、有色、石化、化工、建材、造纸、电力和航空等或将全部被纳入全国碳交易市场，配额总量有望扩容至 80 亿~90 亿吨/年，纳入企业将达到 7000~8000 家，按照当前碳价水平市场总资产将达到 4000 亿~5000 亿元。

表 3-18　全国碳市场成交数据

交易方式	成交量/万吨	成交额/亿元
挂牌协议交易	3 077.46	14.51
大宗协议交易	14 801.48	62.10
合计	17 878.94	76.61

注：统计数据截止到 2021 年 12 月 31 日

3. 传统金融市场

传统金融市场是气候投融资最大的潜在资金来源。传统金融市场包括传统的直接融资和间接融资市场，随着国内节能减排和应对气候变化支持政策不断出台，气候变化相关的企业和项目逐渐能够吸引更多的资本投入，金融市场正成为越来越重要的气候融资来源。其中，绿色信贷和绿色债券是传统金融市场气候资金的主要融资工具。

1）绿色信贷

绿色信贷是我国绿色金融的重要组成部分，也是我国绿色金融中起步最早、规模最大、发展最成熟的部分。我国以《绿色信贷指引》为顶层设计，初步形成了包括分类统计制度、考核评价制度和奖励激励机制在内的政策体系。2012 年的《绿色信贷指引》是绿色信贷体系的顶层设计文件，在组织管理、内控管理与信息披露和监督检查等方面做出安排。在分类统计制度方面，2013 年银监会发布的《关于报送绿色信贷统计表的通知》将绿色信贷项目分为绿色农业、绿色林业、工业节能节水等 12 类。考核评价制度包括《绿色信贷实施情况关键评价指标》和《银行业存款类金融机构绿色信贷业绩评价方案（试行）》等核心文件。针对信贷主体商业银行，2017 年出台的《中国银行业绿色银行评价实施方案（试行）》，明确从组织管理、政策制度能力建设、流程管理等多个方面开展绿色银行评价。2018 年中国人民银行出台的《银行业存款类金融机构绿色信贷业绩评价方案（试行）》针对绿色信贷业绩评价设置了定性和定量两类指标，进一步规范了绿色信贷的业绩评价。总体而言，我国已经基本建立了以《绿色信贷指引》为核心的绿色信贷制度框架，对银行业金融机构开展节能环保授信和绿色信贷的政策界限、管理方式、考核政策等做出明确规定，确保信贷资金投向绿色、循环、低碳领域。目前绿色信贷包括支持节能环保项目和服务（共 12 个项目类型）的贷款，以及支持节能环保、新能源、新能源汽车等三大战略性新兴产业生产制造端的贷款。我国绿色信贷产品主要有传统的能效贷款、绿色融资租赁、碳金融产品和 CDM 应收账款保理融资等，以及新兴的节能减排收益权质押融资、排污权质押融资及合同能源管理融资等。

根据银保监会发布的数据，截至 2021 年第二季度，国内主要金融机构绿色信贷余额超过 13.92 万亿元（图 3-3），绿色信贷资产质量整体良好，不良率远低于同期各项贷款整体不良水平。绿色信贷环境效益逐步显现，按照信贷资金占绿色项目总投资的比例计算，21 家主要银行绿色信贷每年可支持节约标准煤超过 3 亿吨，减排二氧化碳当量超过 7 亿吨[①]。同时，在各类绿色融资中，绿色信贷一直占据主导地位，占比超过 90%，有力地支持了我国绿色产业、绿色经济的发展。

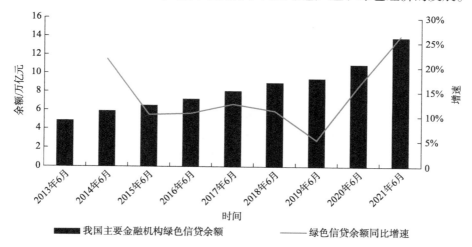

图 3-3　我国主要金融机构绿色信贷余额及增长情况

资料来源：兴业研究《2017 年中国绿色金融市场综览》、前瞻产业研究院《2022—2027 年中国绿色金融行业深度调研与投资战略规划分析报告》

在推动绿色信贷的过程中，国有六大行无疑是主力军（表 3-19）。从投放规模来看，中国工商银行的绿色信贷余额达 18 457.19 亿元，中国农业银行、中国建设银行紧随其后，绿色信贷余额分别为 15 149.00 亿元、13 427.07 亿元。从绿色信贷的增速来看，六大行均保持了两位数，其中中国工商银行和中国邮政储蓄银行增长最快，增幅超过 30%。截止到 2020 年底，六大行绿色信贷余额在各项贷款中的平均占比为 7.6%，其中占比最高的是中国农业银行，达 10%。

---

① 《银保监会：21 家银行绿色信贷每年可支持节约标准煤超过 3 亿吨，减排二氧化碳当量超过 7 亿吨》，http://www.chinadevelopment.com.cn/news/zj/2021/07/1734933.shtml[2021-08-20]。

表 3-19　六大行绿色信贷业务对比

六大行名称	各项贷款总额/亿元	绿色信贷余额/亿元	绿色信贷占比	绿色信贷增速
中国工商银行	186 243.08	18 457.19	9.9%	36.6%
中国农业银行	151 704.42	15 149.00	10.0%	27.2%
中国建设银行	162 313.69	13 427.07	8.3%	14.2%
中国银行	142 164.77	8 967.98	6.3%	21.6%
中国交通银行	58 484.24	3 629.09	6.2%	20.6%
中国邮政储蓄银行	57 162.58	2 809.36	4.9%	30.2%

资料来源：21 经济网《国有六大行"绿金行动"：2020 年绿色信贷规模超 5.6 万亿元》

进一步聚焦到气候投融资领域，在银保监会公布的 21 家主要银行绿色信贷余额统计表中，将对二氧化碳减排具有明显贡献的绿色信贷项目认定为气候投融资支持的相关项目。根据中国人民银行的数据，截至 2021 年第二季度末，投向具有直接和间接碳减排效益项目的贷款分别为 6.79 万亿元和 2.58 万亿元，合计占绿色贷款的 67.3%。分用途看，基础设施绿色升级产业和清洁能源产业贷款余额分别为 6.68 万亿元和 3.58 万亿元，同比分别增长 26.5% 和 19.9%。分行业看，交通运输、仓储和邮政业绿色贷款余额为 3.98 万亿元，同比增长 16.4%；电力、热力、燃气及水生产和供应业绿色贷款余额为 3.88 万亿元，同比增长 20.2%。另外，中国人民银行只纳入了气候减缓领域的资金，如果纳入气候适应领域的资金，如农田水利设施建设项目、生态修复、海绵城市项目等，估计我国的气候融资可能会达到全部绿色信贷的 90% 左右。

2）绿色债券

绿色债券是为有环境效益的绿色项目提供资金的债务融资工具之一。绿色债券与一般债券相比的明显不同是：绿色债券募集的资金专项用于具有环境效益的项目，这些项目以减缓和适应气候变化为主；发行人发行绿色债券时需要对投资者持续披露资金使用信息，以维护市场声誉；绿色债券的贴标机制为投资者提供了一种辨认方法，投资者可以通过绿色标签辨认出与气候相关的投资，减少用于对项目调查的资源，从而减少市场阻力，促进与气候相关的投资的增长。

绿色债券市场起步于 2007～2008 年，以世界银行和欧洲投资银行的绿色债券发行作为开端。2007～2012 年，绿色债券市场主要由欧洲投资银行、国际金融公司（International Finance Corporation，IFC）和世界银行等开发银行所主导。2013年 10 月，企业实体发行了第一只绿色债券，这激发了更多私营部门，包括公司和商业银行等参与其中。作为一套自愿性准则，绿色债券原则（Green Bond Principle，GBP）在 2014 年初发布，推动了市场在透明度和报告方面的实践。第一只企业绿色债券的发行和绿色债券原则的发布对于市场的进一步发展来说具有很强的催化作用。根据气候债券倡议组织（Climate Bonds Initiative，CBI）的统计，全球绿色债券的市场规模从 2012 年的 31 亿美元增加到 2020 年的 2695 亿美元（图 3-4），2020年募集的资金主要投向新能源行业、建筑行业和交通行业，资金规模合计约为 85%。

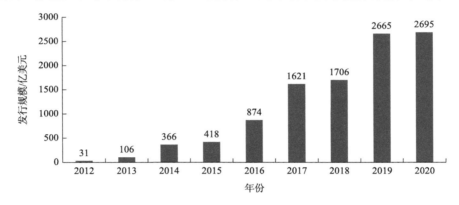

图 3-4　2012～2020 年全球绿色债券发行规模
资料来源：《2020 年度绿色债券运行报告（外部版）》

　　全球绿色债券的发展在很大程度上受到中国发行人的推动。中国绿色债券的发行始于 2015 年底中国农业银行在伦敦发行绿色债券。2015 年 12 月，中国人民银行发布了银行间债券市场（目前中国最大的债券市场）绿色金融债券的公告；随后，国家发展改革委也公布了《绿色债券发行指引》。此后，上海浦东发展银行、兴业银行和交通银行等大型银行积极发行绿色债券，中国绿色债券市场迅速发展。2019 年 3 月 6 日，国家发展改革委、中国人民银行等七部委联合印发了《绿色产业指导目录（2019 年版）》及解释说明文件，首次从产业的角度厘清绿色产业和项目的标准与范围。2021 年发布的《绿色债券支持项目目录（2021年版）》是对《绿色债券支持项目目录（2015 年版）》的首次更新。新版目录的发布意味着国内百亿元绿色债券将迎来统一标准，也意味着我国的绿色债券发行标准逐渐与国际接轨。

　　2020 年，中国境内外发行的绿色债券规模达 2786.62 亿元，累计发行规模达14 000 亿元。其中，2020 年境内普通贴标绿色债券的发行规模为 1961.5 亿元，境内累计发行贴标绿色债券规模已经达到了 10 350 亿元。图 3-5 和图 3-6 分别展示了我国 2016～2020 年境内外绿色债券发行数量及规模和境内绿色债券发行数量及规模情况，可以看出我国绿色债券不论是发行数量还是发行规模，总体上均呈上升趋势，受新冠肺炎疫情影响，2020 年发行规模较 2019 年稍有下降。

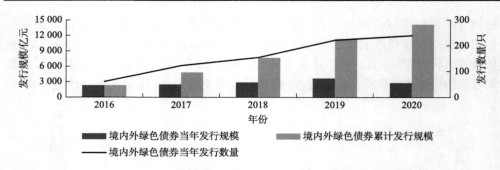

图 3-5　2016～2020 年中国境内外绿色债券发行数量及规模

资料来源：中央财经大学绿色金融国际研究院《中国绿色债券市场 2020 年度分析简报》

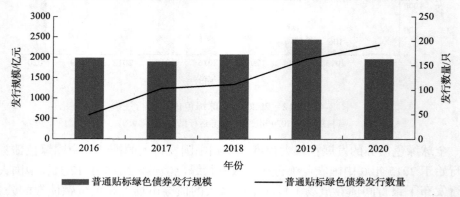

图 3-6　2016～2020 年中国境内绿色债券发行数量及规模

资料来源：中央财经大学绿色金融国际研究院《中国绿色债券市场 2020 年度分析简报》

　　绿色债券对于募集资金的使用有着较为严格的规定，其中绿色金融债、债务融资工具要求募集资金 100% 投向于绿色，公司债至少 70%，企业债至少 50%。2020 年境内发行的 192 只、1961.5 亿元的普通贴标绿色债券中，有 1647.76 亿元实际投向绿色产业，绿色投向占比达 84%，其中，用于城市轨道交通、城乡公共交通、新能源汽车等清洁交通项目的资金最多，达 628.9 亿元；用于资源节约与循环利用项目的资金最少，为 111.2 亿元（图 3-7）。

　　债券市场在全球企业融资总量中约占 1/3，但绿色债券发行量在全部绿色融资中的比重还十分小。如果制约绿色债券发展的各类市场和机制性障碍能够得到解决，绿色债券市场将有巨大的发展潜力。例如，在全球气温升幅限制在 2℃的情境下，OECD 的定量分析显示，到 2030 年，投资于可再生能源、节能和低排放汽车等低碳项目的债券在中国、日本、欧盟和美国四个市场的潜在年度发行规模可达 7000 亿美元。

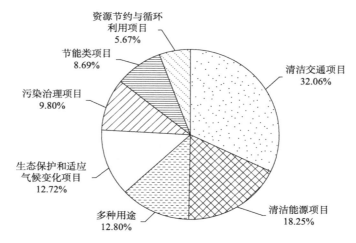

图 3-7　2020 年中国境内发行绿色债券募集资金投向

资料来源：中央财经大学绿色金融国际研究院《中国绿色债券市场 2020 年度分析简报》

由数据修约所致，相加不等于 100%，此类情况余同

　　绿色债券市场在为气候项目提供资金方面具有以下几个优势：①为投资项目提供除银行贷款和股权融资之外的一种新的融资渠道；②为投资项目提供更多长期融资，尤其是在绿色基础设施投资需求较大而长期信贷供给有限的国家；③通过声誉效益激励发行人将债券收益投向绿色项目；④因发行人承诺绿色披露，激励其强化气候环境风险管理流程。对绿色债券进行界定和要求发行人披露资金用途，是保持绿色债券市场信誉的基础。由鉴证机构和第三方认证机构为绿色债券提供贴标服务并监督资金用途的做法已经成为绿色债券市场的有机组成部分。

　　未来发展绿色债券市场所面临的挑战包括以下方面。

　　（1）绿色债券认证和披露带来的额外成本。对绿色债券的认证和对发行人资金用途的监管主要由鉴证机构或第三方认证机构完成。在一些市场，获得这些认证需要支付较为高昂的成本，这对规模较小的发行人来说是个障碍。另外，信息披露要求会增加发行人的发行成本。随着市场成熟和规模的扩大，这些成本会逐步下降。

　　可通过以下措施降低风险溢价及认证和信息披露的成本。公共部门和开发银行可以考虑通过提供增信等手段来降低由市场失灵造成的风险溢价，培育合格的鉴证或第三方认证机构，动员捐助资金支持绿色债券认证（如用这些资金覆盖部分成本），以及为从事信息披露和报告的人员提供培训等。

　　（2）缺乏绿色债券的评级、指数和挂牌交易。绿色评级可以通过对绿色债券支持项目环境效益的正面评估，来降低绿色债券的融资成本。通过提供市场基准，绿色债券指数能帮助投资者识别高质量的绿色债券，因此也有助于其降低融资成本。此外，挂牌交易也是提高绿色债券需求的有效方式。然而到目前为止，只有少数评级机构、指数公司和证券交易所探索了以上做法。

对于上述问题，指数公司和金融机构可以开发绿色债券指数，并以此为基础推出绿色债券指数基金和其他基金产品。评级机构可进一步探索技术方法，推出覆盖多种债券品种的绿色债券评级。交易所可以考虑将绿色债券挂牌交易作为未来的一种业务。2016 年 4 月 15 日，中央结算公司与中节能咨询公司依据中国人民银行、国家发展改革委发布的两项国内绿色债券标准及国际资本市场协会、气候债券组织发布的两项国际标准，将国际经验与中国国情相结合，制定了两套样本券选取规则，发布了中债-中国绿色债券指数和中债-中国绿色债券精选指数(中债绿色系列债券指数)。中债绿色系列债券指数的发布，提供了反映绿色债券市场总体价格变化情况的一系列指标，并且为国内外投资者提供了绿色投资的业绩基准与产品标的，提高了我国绿色债券市场的透明度，有利于树立绿色债券发行人良好的社会形象。

（3）缺乏绿色机构投资者。在主要由本地投资者构成的绿色债券市场中，绿色机构投资者、偏好绿色资产的投资者应该是主要的买家。然而，由于存在种种问题，如机构投资者的环境信息披露不足、对投资项目的环境成本/效益量化能力不足等，许多投资者对绿色和非绿色资产没有明显偏好。

对于主要依赖本地投资者的市场，国际组织和非政府组织(Non-Governmental Organizations，NGO)可以帮助培育国内的绿色机构投资者，可在识别绿色资产，提高持有资产的透明度，将环境、社会与治理(Environmental，Social and Governance，ESG)原则纳入投资决策过程等方面进行能力建设。

（4）存在洗绿、漂绿现象。洗绿、漂绿主要指以绿色项目的名义募集资金，最后却没有将资金用于绿色项目；或者是通过一系列操作将原本不符合绿色标准的项目变为符合标准的项目。除此之外，一些企业也会通过夸大宣传、偷换概念等方式来吸引消费者，树立绿色环保形象。洗绿、漂绿现象主要源于监管优惠带来的套利空间，以及投资者甄别绿色项目的成本偏高。洗绿、漂绿等现象不仅会对企业自身的声誉、绩效和股价等方面造成负面冲击，还可能造成绿色债券市场"劣币驱除良币"的逆向选择结果。

可以通过以下措施来减少市场中存在的洗绿现象：一是完善政府立法与监管，协调多部门加大对洗绿、漂绿现象的打击和惩处力度；二是规范绿色认证，落实对绿色债券外部审核认证的强制要求，加强对第三方认证机构的审查与监管；三是加强社会监督机制，加大企业信息披露力度，做到环保信息社会共享。

（5）国际投资者进入本币市场所面临的困难。尽管不乏全球绿色投资者，但它们却难以进入本币市场。原因之一是不同市场的绿色债券定义和披露要求存在差异，这些差异增加了交易成本：在一个市场被认可的绿色债券，在另一个市场可能不会被自动识别为绿色。此外，如资本管制、缺乏外汇对冲工具、交易时间的差异等其他问题也制约了对多种资产类别的跨境投资。具体到我国，尽管 2021 年发布的新版绿色债券目录中做了许多与国际相关标准接轨的调整，但是在使用比例和用途上与国际标准仍有差距。比如，我国目前绿色债券发行要求公司债至少 70% 的募集资金投向绿色项目，而企业债仅要求至少 50%，与 95% 的国际惯例仍有一定差距。而在用途方面，新版目录已经剔除了煤炭等高碳排放项目，进一步与国际标准接轨，但当前国内标准更多地针对废水、废料、废物等污染治理，未来可向气候变化方向扩展。这些标准的差异使得国际投资者进入我国市场存在一定阻碍。

3.4.2 国外资金

1. 发达国家公共资金

发达国家通过公共预算为发展中国家应对气候变化提供资金，是"共同但有区别的责任"的体现。这笔资金主要通过公约下的资金机制、多边渠道及双边渠道流向包括中国在内的发展中国家。发达国家公共资金中，多边资金通过多边气候基金在《联合国气候变化框架公约》和《京都议定书》框架下运行，分别由 GEF 和世界银行托管；区域性开发银行作为多边金融机构，也开展多边气候合作；发达国家和发展中国家通过双边合作渠道，设立了有特定目的的国家气候基金；GCF 汇集了多种渠道的资金并逐渐成为《联合国气候变化框架公约》下最主要的国际气候融资平台。总体看来，多边资金的执行和透明度要大大优于双边资金，而通过双边渠道筹集的资金总量则超过多边融资机构，是更重要的气候融资渠道。此外，发达国家也通过出口信贷的形式来支持出口贸易，包括提供贷款、出口信用保险、出口信贷担保、投资保险等。

1）多边渠道

多边基金和多边金融机构是多边气候融资的主要渠道和工具，主要包括以下几个方面。

GEF 是联合国 1990 年发起建立的国际环境金融机构，自成立以来已获赠 100 多亿美元（截至 2018 年）。基金的宗旨是以提供资金援助和转让无害技术等方式帮助发展中国家应对气候变化、保护生物多样性、保护国际水资源和水环境、防治土地退化、消减持续性有机污染物等。GEF 支持发展中国家和经济转型国家在上述重点领域开展活动，并取得全球效益。

CIFs 旨在为发展中国家的低排放试点和气候适应项目提供赠款或优惠贷款等经济支持。CIFs 包括 CTF 和 SCF 这两个信托基金，注资额为 65 亿美元。在 CIFs

的支持下，全球 46 个国家正在试验清洁技术、推动可持续森林管理、增加可再生能源的利用及提升适应气候变化能力。

碳基金是世界银行的主要减排工具，由承担减排义务的发达国家政府和企业按比例出资，购买发展中国家环保项目的减排额度；这些基金有不同的项目或国家偏向性。由世界银行管理的碳基金总数达到 12 个（截至 2021 年 6 月），具体的碳交易由碳基金的参与者委员会做出决定。

AF 用于资助在《京都议定书》下发展中国家缔约方的具体适应项目和方案；AF 的资金来自 CDM 项目活动 2%的收益和其他的资金。世界银行担任 AF 的托管人，代表其执行两个核心功能：销售 CER 和管理 AF 信托基金。资金情况在"AF 信托基金的财务状况"年度报告中或 AF 董事会会议提交的报告中公示。项目的完整清单列于该基金的网站。

GCF 是一个拥有多方来源的大规模基金，通过各种金融工具分配资金。GCF 最早在 2009 年哥本哈根气候大会上被提出，其后在 2010 年的坎昆大会上被最终确定。该基金以帮助发展中国家实施气候变化相关政策措施为目标，为这些国家提供充足和可预见的财政资源，并在气候变化适应和减缓行动之间实现资金的均衡分配。GCF 在缔约方大会的指导下由基金委员会管理和运作，并由董事会提交年度报告供缔约方大会审议和讨论。基金委员会的组成体现了所有缔约方平等且地域平衡的概念，并具有透明和高效的治理系统，使受援国可以直接获取资金。

多边金融机构是气候资金转移的重要渠道，包括世界银行、国际金融公司和各区域开发银行：非洲开发银行、亚洲开发银行、欧洲复兴开发银行、美洲开发银行等。多边金融机构多由常设政府间国际机构倡议设立，承担促进相应区域经济可持续发展的责任，气候变化通常是其中的重要内容。他们的工作通过各种形式的贷款和投资进行，也执行以技术转让和能力建设为内容的项目。其项目和资金的管理受多国联合委员会和项目受益方的监督。

2）双边渠道

双边渠道是指由一国政府创立和主导，在发展中国家或新兴市场提供援助或投资于目标发展项目及方案的机构，发达国家本国开发银行和双边气候基金是融资的主体；他们从公共部门和资本市场获得资金，在本国相关部门的管理下为相对应的接受国提供赠款、优惠贷款和股权投资等不同形式的援助，主要包括双边发展机构和双边银行、双边气候基金和出口信贷机构等，是国际公共气候资金最主要的转移媒介。

双边发展机构和双边银行是我国获取国际公共资金的主要双边渠道。OECD-DAC 统计数据显示，2000～2015 年，澳大利亚、比利时、加拿大、捷克、丹麦、芬兰、法国、德国、冰岛、意大利、日本、韩国、卢森堡、荷兰、新西兰、挪威、瑞典、瑞士、英国、美国、希腊、西班牙、葡萄牙等国家向中国提供了气候相关的发展援助资金。在中国，较为活跃的双边发展机构/双边银行包括 AFD、KfW，以及日本国际合作署（Japan International Cooperation Agency，JICA）等。AFD 是法国政府官方的双边发展金融机构，其宗旨是根据法国的海外发展援助政策为发展进行融资。AFD 还通过法国经济合作参与和促进公司（Proparco）及法国环境基金（Fonds Français Pour L'Environnement Mondial，FFEM）这两个机构支持气候融资。JICA 是世界最大的双边援助机构。2008 年，JICA 合并了以提供对外援助贷款为主的日本国际合作银行（Japan Bank for International Cooperation，JBIC）及日本外务省提供赠款援助的部门，成为日本统一的对外援助机构，与发展中国家开展合作。KfW 除了为德国和欧盟企业在国际市场上的项目进行融资，还代表德国政府为发展中国家提供发展援助贷款和咨询等方面的服务。KfW 与德国国际合作机构（Gesellschaft für Internationale Zusammenarbeit，GIZ）共同致力于实现德国发展合作的目标。

发达国家也设立了一些双边气候变化基金向发展中国家提供支持。目前在中国支持气候变化项目的双边气候基金并不多。德国 IKI 和日本快速启动基金（Fast-Start Finance，FSF）各有少量项目，集中在减缓领域。

3）出口信贷机构

出口信贷机构（Export Credit Agencies，ECAs）一般指由政府所有或由政府控制的金融机构，是国际公共融资的重要渠道，在气候变化领域所发挥的融资作用也越来越明显。出口信贷机构为本国企业向风险市场（如发展中国家）的出口提供保险、担保或贷款，其职能是确保买方能够以优惠条件获得贷款，用以支付购买设备、技术或服务所需的资金，从而促进本国设备、技术或服务的出口。其本质是通过政府干预，促进信贷支持出口交易，并承担相应的非偿还风险。出口信贷不仅能帮助本国的制造业出口，进口商也能以更低的融资成本获得国内的低碳能源，刺激私人资本在发展中国家的低碳投资。出口信贷机构一般提供三种资金流，包括官方直接出口信贷，即由政府直接提供的贷款；出口信贷保险，即有政府还款保险的私人出口信贷；出口信贷担保，即有政府还款担保的私人出口信贷。几乎所有的出口国都至少有一个出口信贷机构，如美国进出口银行（Export-Import Bank of the United States）、加拿大出口发展署（Export Development Canada，EDC）、英国出口信贷担保署（Export Credits Guarantee Department，ECGD）、丹麦出口信贷委员会（Eksport-Kreditradet，EKR）、日本出口和投资保险组织（Nippon Export and Investment Insurance，NEXI）等。

4）国际气候资金规模

目前，虽然可以从部分机构的统计中获得中国接受发达国家气候资金的统计数字，但由于统计口径不一，整体资金规模尚无法做出准确统计。根据统计，截至 2021 年 3 月，我国获批准的多边气候基金资助金额为 4.77 亿美元，资助项目 48 个，已支付金额 2.92 亿美元，多边气候基金的部分来源及资助项目清单，如表 3-20 所示。OECD-DAC 对从发达国家流向中国的各类气候相关资金项目进行了汇总，这些资金来自 OECD-DAC 成员国，如瑞士、德国、丹麦、英国、挪威、法国、意大利、美国、日本等国家，多边国际银行，如世界银行、亚洲开发银行、世界银行旗下的国际金融公司等，以及其他多边机构，如 GEF、IFAD 等。2008 年和 2010 年相继爆发的美国次贷危机和欧洲主权债务危机，导致欧美各国在对外援助方面纷纷开始推行财政紧缩措施，这直接影响了发达国家向发展中国家气候资金转移的落实，因此 2008 年以后我国获取的气候资金规模逐步萎缩（图 3-8），特别是 2011 年后的几年，资金迅速减少，2008 年时，来自外部的资金规模达 26 亿美元，但是 2014 年时仅有 12 亿美元。2014 年后，资金保持稳定，在 10 亿~12 亿美元波动。此外，近年来随着中国经济实力的日益增长，发达国家给予中国发展援助的意愿也有所降低，多国纷纷宣布拟削减对中国的发展援助，因此未来中国从国际社会得到的气候资金可能会进一步缩减。

表 3-20　我国获取的部分多边气候基金资助情况

基金	项目名称	承诺资金数量/万美元	已支付的资金数量/万美元
GEF 第四增资期（GEF-4，2006~2010 年）	中国工业能源效率提升项目	400	400
	中国燃料电池公交车商业化示范（第二阶段）	580	580
	城市群生态交通项目：发展模式与试点	480	480
	帮助中国向《联合国气候变化框架公约》编制第二次国家信息通报	500	500
	能效融资	1350	1350
	GEF—世界银行—中国城市：运输合作伙伴计划	2100	2100
	可再生生物质能综合开发项目	920	920
	节能材料和农村建筑市场化改造	700	700
	淘汰白炽灯及推广节能灯改造	1400	1400
	推广清洁电动公交车（北京奥运会期间）	100	100
	推广节能房间（节能空调）项目	630	630
	各省能源效率扩大计划	1340	1340
	中新天津生态城项目	620	620
	气候变化技术需求评估项目	500	500
	动力装置热效率	1970	1970

续表

基金	项目名称	承诺资金数量/万美元	已支付的资金数量/万美元
GEF 第五增资期（GEF-5，2010～2014 年）	加快燃料电池汽车的发展和商业化	820	0
	江西省抚州市城市综合基础设施建设项目	260	260
	江西省吉安城市可持续交通项目	260	0
	清洁巴士租赁	230	230
	可再生能源推广计划（第二阶段）	2730	2730
	发展以市场为基础的能效项目	1780	0
	帮助中国向《联合国气候变化框架公约》提交第三次国家信息通报和两年一次更新报告	730	730
	推动发光二极管照明市场转型	620	620

资料来源：Climate Funds Update，https://climatefundsupdate.org/data-dashboard/[2021-03-20]

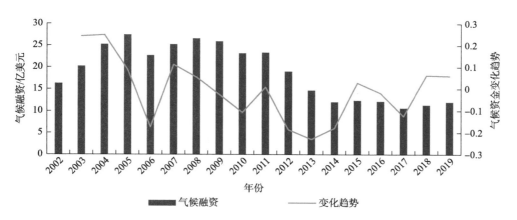

图 3-8 发达国家流向我国的气候相关资金总量及变化趋势

资料来源：OECD-DAC Statistics. https://sdg-financing-lab.oecd.org[2021-10-16]

　　进一步从资金流向、投融资工具及资金使用领域（减缓或适应）来分析气候资金的结构。从资金流向部门看，这些资金主要用于能源利用、环境保护、农业、水资源、林业、交通等领域的项目开发。另外，在 2010 年之前这些资金很少投向于适应气候变化领域的项目，尽管 2011 年之后流向适应领域的资金开始增加，总体来看所占比例依然较小。另外，这些资金分别通过贷款、赠款、权益投资等政策工具流入，其中以贷款、赠款和权益投资形式为主。从资金规模上看，2002～2019 年贷款、赠款和权益投资所占比例分别为 51.66%、46.01% 和 2.33%（图 3-9）。

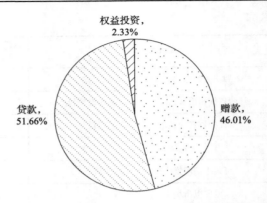

图 3-9　2002～2019 年发达国家向中国支付的各类气候相关资金总量结构

资料来源：OECD-DAC statistics.https://sdg-financing-lab.oecd.org/[2021-10-16]

2009 年在哥本哈根会议上，发达国家承诺在 2020 年前每年向发展中国家提供 1000 亿美元的资金支持，但由于一直未针对这 1000 亿美元的具体出资定论，资金的落实情况并不理想。发达国家与发展中国家就资金是"提供"还是"动员"，是"公共的"还是"公共和私人的"，是否应是传统官方发展援助（official development assistance，ODA）之外"新的、额外的"而产生了较大分歧。2015 年的《巴黎协定》中提到 2020 年以后发达国家向发展中国家每年至少动员 1000 亿美元的资金支持，2025 年前将确定新的数额，并持续增加。这些资金应以公共资金为主，且应平衡地用于帮助发展中国家减缓和适应气候变化。然而，发达国家 2020 年前的行动并不令人满意。根据 OECD 的统计，2019 年发达国家提供和动员的气候资金为 796 亿美元，距离目标有将近 200 亿美元的差距，但这已经是历年中提供气候支持最大的一年（图 3-10）。2021 年 4 月举行的领导人气候峰会中，出席会议的发展中国家领导人呼吁发达国家在应对气候变化方面展现出更大的决心和行动，切实履行气候变化融资承诺，为发展中国家提供更多资金、技术、能力建设等方面的支持。

2. 国际市场资金

CDM 是《京都议定书》中引入的灵活履约机制之一。核心内容是允许附件 I 缔约方（即发达国家）与非附件 I （即发展中国家）进行项目级的减排量信用额度的交易，在发展中国家实施温室气体减排项目，以在帮助发达国家实现自身减排义务的同时使发展中国家获得资金和技术支持。

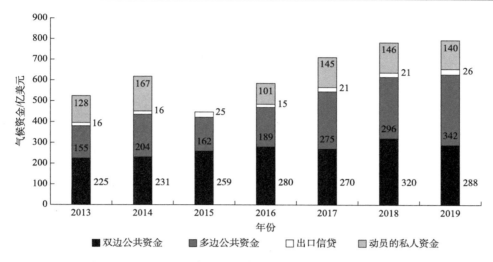

图 3-10　2013～2019 年发达国家向发展中国家提供的气候资金

资料来源：OECD iLibrary. Climate finance provided and mobilised by developed countries：aggregate trends updated with 2019 data. https://www.oecd-ilibrary.org/finance-and-investment/climate-finance-provided-and-mobilised-by-developed-countries-aggregate-trends-updated-with-2019-data_03590fb7-en[2021-10-16]

　　CDM 使得中国企业能够通过国际碳市场获得可观的资金从而改善项目的成本收益，这在很大程度上催化了国内温室气体减排项目的开发。中国是 CDM 市场的重要参与者和最大的碳信用提供方之一。2002 年我国签订第一个 CER 项目，即内蒙古自治区辉腾锡勒风电场项目；2005 年后，受欧盟等市场需求推动，我国 CER 项目发展迅速，至 2012 年顶峰时，年度 CDM 项目注册量已达到 1819 个。分省份看，我国已签发 CER 项目中，内蒙古、云南、四川、甘肃占比较高，其中内蒙古风电项目发展较快，云南、四川、甘肃水电项目充足，在 CER 项目申请中具有天然优势。分行业来看，累计已签发 CER 项目中，新能源及可再生能源项目数和估计年减排量分别占比 81.2% 和 48.6%，由于近年来光伏和风电产业的持续推广，其他如节能和提高能效项目、甲烷回收项目也有一定发展。上述项目主要在 2013 年之前注册签发，2013 年以后，中国签发的 CER 项目急剧减少，主要是因为欧盟碳交易市场受实体经济下滑影响需求大幅减少，国际上 CER 签发过量导致供给过剩，CER 价格也急剧跌落，由 10 欧元/吨以上跌至 0.1 欧元/吨以下；另外，欧盟 2013 年后不再接受中国、印度等新兴国家批准的 CER 项目的减排量指标。因此，中国通过 CDM 获得减排资金的渠道也在逐渐收窄。2017 年之后我国停止了 CDM 项目注册，2017 年 6 月的北京海淀北部区域能源中心（燃气热电联产）项目成为我国 CDM 最后一个注册的项目。截至 2017 年，联合国总计注册 CER 项目 7765 个，我国 3763 个，占比 48.46%；已签发 CER 项目总计 2845，我国 1464 个，占比 51.46%，累计签发 CER 超过 10 亿吨，占全球的比例为 57.6%。

3.5　我国气候资金的使用

气候资金投入的领域主要包括减缓和适应两大领域，此外，由于应对气候变化对政府和社会来说都是一个新兴的领域，有效地应对气候变化亟须提升能力建设，包括制度建设、人才培养、社会意识提升等，这需要大量额外的资金投入。根据《中国应对气候变化的政策与行动》规划的重点领域，中国应对气候变化有四条主线：减缓、适应、研发和国际合作；每条主线下有相应的工作重点，这也成为指导气候资金使用的基础。我国气候资金的使用主要包括四个方面。

（1）经济和产业结构调整，节能减排，发展新能源及可再生能源，控制工业、交通、城乡建设等重点领域排放，增加森林及生态系统碳汇等减缓气候变化活动的资金投入。

（2）基础设施、水资源、农业与林业、海洋和海岸带、生态脆弱地区、人体健康、防灾减灾体系建设等领域采取的适应气候变化活动的资金投入。

（3）支持气候变化基础研究、技术研发和推广应用、人才队伍建设、提高全社会应对气候变化意识和体制机制能力建设等方面的资金投入。

（4）与发达国家和发展中国家开展的气候变化相关的国际合作的资金投入等。

3.5.1　减缓领域

我国减缓气候变化资金的重点投向包括以下几个方面。

（1）调整产业结构。抑制高碳行业过快增长，控制高耗能、高排放行业产能扩张；推动传统制造业优化升级，运用高新技术和先进适用技术改造提升传统制造业，支持企业提升产品节能及环保性能，加快淘汰落后产能；大力发展战略性新兴产业和服务业。

（2）优化能源结构。调整化石能源结构，合理控制煤炭消费总量，提高天然气在能源消费结构中的比重，加大石油、天然气资源勘探开发力度，推进页岩气等非常规油气资源调查评价与勘探开发利用，积极开发利用海外油气资源，继续推进煤层气（煤矿瓦斯）开发利用；有序发展水电；安全高效发展核电；大力开发风电，加快建设"三北地区"和沿海地区的八大千万千瓦级大型风电基地，因地制宜建设内陆中小型风电和海上风电项目，加强各类并网配套工程建设；推进太阳能多元化利用，包括大型光伏电站、分布式太阳能光伏，以及太阳能热利用等；发展生物质能，包括生物质能发电、生物质成型燃料、沼气利用，以及生物液体燃料等；推动其他可再生能源利用，包括地热能、海洋能等。

（3）加强能源节约。控制能源消费总量，加强重点领域节能，包括电力、钢铁、建材、有色、化工等行业节能。强化建筑节能，推进交通运输节能、商业和民用、农业和农村及公共机构节能等。实施节能改造工程、节能技术产业化示范工程等重大节能工程；大力发展循环经济，在农业、工业、建筑、商贸服务等重点领域推进循环经济发展，全流程控制温室气体产生和排放。

（4）增加森林及生态系统碳汇。增加森林碳汇，实施应对气候变化林业专项行动计划，统筹城乡绿化，加快荒山造林，实施天然林保护、退耕还林、防护林建设、石漠化治理等林业生态重点工程，强化现有森林资源保护，加强森林抚育经营和低效林改造，减少毁林排放。增加农田、草原和湿地碳汇。加强农田保育和草原保护建设，提升土壤有机碳储量，增加农业土壤碳汇。进一步在草原牧区落实草畜平衡和禁牧、休牧、划区轮牧等草原保护制度，控制草原载畜量，遏制草场退化；恢复草原植被，提高草原覆盖度。加强湿地保护，增强湿地储碳能力，开展滨海湿地固碳试点。

（5）控制工业领域过程排放，包括能源工业，涉及电力、油气及煤炭生产行业，钢铁工业，建材工业，化学工业，有色工业及轻纺工业等行业。

（6）控制城乡建设领域排放，包括优化城市功能布局，加强城市低碳发展规划，降低城市远距离交通出行需求；强化城市低碳化建设和管理；建设以节能低碳为特征的煤、气、电、热等能源供应设施、给排水设施、生活污水和垃圾处理等城市基础设施；发展绿色建筑，采用先进的节能减碳技术和建筑材料，因地制宜推动太阳能、地热能、浅层地温能等可再生能源建筑一体化应用，加快公共建筑节能改造。

（7）控制交通运输领域排放，包括城市交通、公路运输、铁路运输、水路运输、航空运输等领域；倡导低碳生活等。

3.5.2 适应领域

通过提高重点领域适应气候变化的能力，减轻气候变化对经济社会发展和人民生活的不利影响。这些活动覆盖了农业、水资源、海洋、卫生健康、气象，以及面临较大气候风险地区的基础设施建设等领域。

（1）城乡基础设施建设包括以下几个方面。城乡建设规划要充分考虑气候变化影响，新城选址城区扩建、乡镇建设要进行气候变化风险评估；合理布局城市建筑、公共设施、道路、绿地、水体等功能区；加强雨洪资源化利用设施建设；加强供电、供热、供水、排水、燃气、通信等城市生命线系统建设，提升建造、运行和维护技术标准，保障设施在极端天气气候条件下平稳安全运行。水利设施：优化调整大型水利设施运行方案，改进水利设施防洪设计建设标准，推进大江大河干流综合治理，加快中小河流治理和山洪地质灾害防治，提高水利设施适应气候变化的能力，保障设施安全运营，加强水文水资源监测设施建设。交通设施：加强交通运输设施维护保养，改进公路、铁路、机场、港口、航道、管道、城市轨道等设计建设标准，优化线路设计和选址方案，对气候风险高的路段采用强化设计；研究运用先进工程技术措施，解决冻土等特殊地质条件下的工程建设难题，加强对高寒地区铁路和公路路基状况的监测。能源设施：评估气候变化对能源设施的影响；修订输变电设施抗风、抗压、抗冰冻标准，完善应急预案；加大对电网安全运行、采矿、海上油气生产等的气象服务；研究改进海上油气田勘探与生产平台安全运营方案和管理方式。

（2）水资源管理和设施建设。实行最严格的水资源管理制度，大力推进节水型社会建设。加强水资源优化配置和统一调配管理，加强中水、海水淡化、雨洪等非传统水源的开发利用；加强水环境保护，推进水权改革和水资源有偿使用制度，建立受益地区对水源保护地的补偿机制；严格控制华北、东北、黄淮、西北等地区地下水开发。加快水资源利用设施建设。开展工程性缺水地区重点水源建设，加快农村饮水安全工程建设，推进城镇新水源、供水设施建设和管网改造，加强西北干旱区、西南喀斯特地貌地区水利设施建设，加快重点地区抗旱应急备用水源工程及配套设施建设，在西北地区建设山地拦蓄融雪性洪水控制工程，实现化害为利。

（3）农业与林业。种植业：加快大型灌区节水改造，完善农田水利配套设施，大力推广节水灌溉、集雨补灌和农艺节水，积极改造坡耕地控制水土流失，推广旱作农业和保护性耕作技术，提高农业抗御自然灾害的能力；修订粮库、农业温室等设施的隔热保温和防风荷载设计标准。根据气候变化趋势调整作物品种布局和种植制度，适度提高复种指数；培育高光效、耐高温和耐旱作物品种。林业：坚持因地制宜，宜林则林、宜灌则灌，科学规划林种布局、林分结构、造林时间和密度。对人工纯林进行改造，提高森林抚育经营技术。加强森林火灾、野生动物疫源疾病、林业有害生物防控体系建设。畜牧业：坚持草畜平衡，探索基于草地生产力变化的定量放牧、休牧及轮牧模式。严重退化草地实行退牧还草。改良草场，建设人工草场和饲料作物生产基地，筛选具有适应性强、高产的牧草品种，优化人工草地管理。加强饲草料储备库与保温棚圈等设施建设。

（4）海洋和海岸带。加强海洋灾害防护能力建设：修订和提高海洋灾害防御标准，完善海洋立体观测预报网络系统，加强对台风、风暴潮、巨浪等海洋灾害预报预警，健全应急预案和响应机制，提高防御海洋灾害的能力。加强海岸带综合管理：提高沿海城市和重大工程设施防护标准，加强海岸带国土和海域使用综合风险评估，加强河口综合整治和海堤、河堤建设，控制沿海地区地下水超采，防范地面沉降、咸潮入侵和海水倒灌。加强海洋生态系统监测和修复：完善海洋生态环境监视监测系统，加强海洋生态灾害监测评估和海洋自然保护区建设，推进海洋生态系统保护和恢复，大力推进沿海防护林建设，开展红树林和滨海湿地生态修复。保障海岛与海礁安全：加强海平面上升对我国海域岛、洲、礁、沙、滩影响的动态监控，提高岛、礁、滩分布集中海域特别是南海地区气候变化监测、观测能力；实施海岛防风、防浪、防潮工程，提高海岛海堤、护岸等设防标准，防治海岛洪涝和地质灾害。

（5）生态脆弱地区。推进农牧交错带与高寒草地生态建设和综合治理。加强黄土高原和西北荒漠区综合治理。开展石漠化地区综合治理。

（6）人群健康。加强气候变化对人群健康影响的评估：完善气候变化脆弱地区公共医疗卫生设施；健全对气候变化相关疾病，特别是相关传染性和突发性疾病流行特点、规律及适应策略、技术的研究，探索建立对气候变化敏感的疾病监测预警、应急处置和公众信息发布机制；建立极端天气气候灾难灾后心理干预机制。制定气候变化影响人群健康应急预案：定期开展风险评估，确定季节性、区域性防治重点；加强对气候变化条件下媒介传播疾病的监测与防控：加强气候变化相关卫生资源投入与健康教育，增强公众自我保护意识，改善人居环境，提高人群适应气候变化的能力。

（7）防灾减灾体系建设。加强预测预报和综合预警系统建设：加强基础信息收集，建立气候变化基础数据库，加强气候变化风险及极端气候事件预测预报；开展关键部门和领域气候变化风险分析，建立极端气候事件预警指数和等级标准，实现各类极端气候事件预测预警信息的共享共用和有效传递；建立多灾种早期预警机制，健全应急联动和社会响应体系。健全气候变化风险管理机制：健全防灾减灾管理体系，改进应急响应机制；完善气候相关灾害风险区划和减灾预案，针对气候灾害新特征调整防灾减灾对策，科学编制极端气候事件和灾害应急处置方案。加强气候灾害管理：完善地质灾害预警预报和抢险救灾指挥系统，采取导流堤、拦沙坝、防冲墙等工程治理措施，合理实施搬迁避让措施。

3.5.3　能力建设

气候资金主要用于能力建设的以下几个方面。

（1）健全温室气体统计核算体系。建立健全温室气体排放基础统计制度：将温室气体排放基础统计指标纳入政府统计指标体系，建立健全涵盖能源活动、工业生产过程、农业、土地利用变化与林业、废弃物处理等领域，适应温室气体排放核算要求的基础统计体系。加强温室气体排放核算工作：完善地方温室气体清单编制指南，规范清单编制方法和数据来源。制定重点行业和重点企业温室气体排放核算指南。建立健全温室气体排放数据信息系统。构建国家、地方、企业三级温室气体排放基础统计和核算工作体系。

（2）队伍建设。健全工作协调机制和机构，加强各部门应对气候变化的能力建设，完善工作机制。加强应对气候变化学科建设，逐步建立应对气候变化学科体系。加强应对气候变化基础研究、技术研发及战略政策研究。健全相关支撑和服务机构。强化人才培养和队伍建设。

（3）教育培训和舆论引导。将应对气候变化的教育纳入国民教育体系，逐步加强国家和社会应对气候变化的能力。

3.5.4　国际合作

气候资金的运用不仅包括国内的减缓和适应领域，还包括气候资金的流出，即我国政府、金融机构和企业对其他发展中国家的支持和投资。通过国际合作推动建立公平合理的国际气候制度，加强与国际组织、发达国家合作，建立多领域、多层面的国际合作网络，加强南南合作机制建设，支持发展中国家能力建设。对外气候投资不仅是我国应对气候变化南南合作国家战略的体现，也是拓宽资金运用渠道和方向的重要方式。应对气候变化的南南合作工作（即发展中国家间的经济技术合作）是我国对外合作的重要内容，可增强我国与其他发展中国家在气候变化国际谈判中的相互理解和支持，巩固发展中国家阵营在谈判中的统一立场，维护发展中国家的整体利益。同时，南南合作可促进、帮助其他发展中国家提高应对气候变化的能力，树立中国负责任的大国形象，促进适用技术转移，推动国内科技界和企业界走出去，实现中国与其他发展中国家在应对气候变化进程中的互利共赢。未来，应进一步加大南南合作专项经费的投入，并带动社会资本的对外气候投资。国内政策性银行及商业性银行也对海外项目进行了投资，尤其是国家开发银行和中国进出口银行在非洲支持的资金规模巨大，其投资的基础设施建设、水利等项目均可以归为应对气候变化领域。另外，由中国倡议设立的多边金融机构——亚洲基础设施投资银行，其基本目标之一是促进成员国绿色发展，帮助成员国实现经济绿色增长及可持续发展。

3.5.5　资金分配

从全球范围来看，国际气候资金在减缓和适应领域的分配极不平衡，约有93%的资金投入减缓领域。双边金融机构投入适应领域的资金相对较多，而私人资金则鲜有投入难以短时间产生投资收益的适应领域。对于中国来说，由于减缓气候变化涉及多个领域和技术，还没有形成较为统一的分类方式，且大多数领域财政资金和社会资本投入的具体数据不可得，目前国内还没有对气候资金流向做过较为全面的统计。但根据多方面的报道，中国气候资金也主要投向可再生能源电力生产、能效提高以及低碳装备生产等减缓领域，在适应领域和能力建设领域的投入相对较少。例如，2020 年我国新增可再生能源发电装机 1.39 亿千瓦，特别是风电、光伏发电新增装机 1.2 亿千瓦；预计"十四五"期间我国可再生能源发电新增装机容量占新增发电装机的 70% 以上。国家气候战略中心数据显示，2016～2030 年，中国为实现国家自主贡献适应目标的资金需求约为 24 万亿元，年均约为 1.6 万亿元。然而，中国获得的国际资金及国内资金支持不足，资金也主要投入减缓领域，缺少对适应项目的有力支持，我国适应性资金缺口依旧巨大。

目前，我国公共财政资金主要投向节能减排、可再生能源和战略性新兴产业等领域。其中，节能资金占 61.5%，位列第一位；其次是可再生能源领域（占 14.4%）、战略性新兴产业（占 9.4%）；对中小企业的资金支持主要流向科技型中小企业技术创新领域，且仅占 3.7%（图 3-11）。

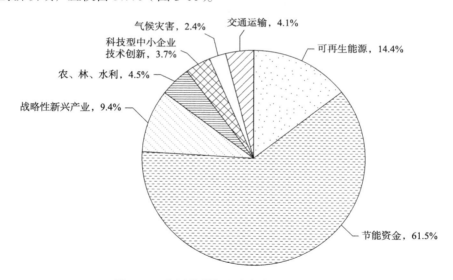

图 3-11　我国公共资金流向主要领域的比例

资料来源：课题组根据 2016 年各官方网站及中国应对气候变化融资策略等研究报告统计整理

适应气候变化的活动主要致力于保持和提高对气候变化的适应能力和弹性，以减少气候变化所带来的影响及各类风险，具体领域包括水资源管理、环境卫生、农林业、渔业、人体健康、预防和阻止灾害及适应能力建设等。相较于减缓领域，适应作为应对气候变化的另一条基本制度路径，其发展时间短，理论研究及实践经验相对缺乏。此外，由于适应行动项目周期长，经济利润小，目前世界范围内应对气候变化资金向减缓领域倾斜，使得适应领域的资金尚不足以满足需求。在中国，气候变化适应的资金主要投向农业、水资源、海洋、卫生健康和气象等领域。其中，财政资金在适应领域发挥了重要作用。但由于目前公开的信息较为分散，难以对财政在适应领域的整体规模进行估测。事实上，气候变化适应相关的领域涉及范围很广，很多投资难以与基础设施建设、农业、水资源利用与保护等传统领域的投资完全区分开，目前也没有统一适用的对适应资金的判别标准（王遥和刘倩，2013）。

我国现有的气候适应资金主要来源于国际适应资金和中国政府的公共资金。目前，我国可利用的《联合国气候变化框架公约》体系内的适应资金主要有以下几种。第一，《联合国气候变化框架公约》信托基金。该基金由 GEF 运行管理，主要通过适应战略方案为适应计划提供资金支持，促进私营部门和民间组织参与气候适应行动。第二，SCCF。该基金创立于 2001 年摩洛哥马拉喀什《联合国气候变化框架公约》第七次缔约方会议，支持领域主要包括气候友好型技术转让和气候敏感型的能源、运输等行业减缓和适应。第三，AF。AF 建立的法律基础是《京都议定书》，规定 CDM 收益份额的 2%用来为易受气候变化不利影响的发展中国家缔约方的适应行动提供资金支持。第四，其他适应资金。在环境保护领域的多边合作框架中，如《生物多样性公约》《联合国防治荒漠化公约》等文件安排的合作资金是我国可利用的适应资金的潜在资源。尽管国际适应资金种类多样，但与我国适应气候变化的资金需求相比，其资金量很不充分，我国气候适应行动无法依赖有限的国际适应资金。对于我国政府转移支付具有适应性质的公共资金，其资金数量也远低于气候灾害造成的巨额损失，而且资金来源单一，未能充分利用市场机制发挥社会资本对气候适应的作用。整体来说，与已经被广泛关注的减缓领域相比，适应领域未来需要得到民众和社会资本更多的重视。私人资本在适应领域不如减缓领域活跃，一方面是由于适应投资的资金需求大，且难以产生投资收益，其投资往往需要由公共部门来进行；另一方面是由于私人资金介入某些适应相关领域（往往涉及公共服务领域）的准入门槛较高，而能够产生良好投资回报的机制又尚不健全。未来，除了政府需要进一步重视适应投资外，激励私人机构参与适应投资的模式也需要社会各界共同探索。

在能力建设方面，政府已开展了多项活动建设以应对气候变化。例如，通过开展各种政策、战略和规划的研究项目，制定并颁布相关的政策，加强低碳发展顶层设计和法治建设；通过试点先行先试，建立和健全温室气体排放基础统计制度和温室气体清单编制和排放核算制度，探索排放权交易制度建设并积累相关经验；在气候变化相关基础科学研究领域，科技部组织开展 973 计划"应对气候变化科技专项"和气候变化研究国家重大科学研究计划，水利部组织开展水利应对气候变化影响的适应性对策措施研究，卫生部组织开展气候变化对人类健康的影响与适应机制研究等。

在过去的十几年里，我国政府向其他发展中国家提供了一定的气候资金支持。2011 年，国家发展改革委、财政部投入 2 亿元南南合作专项经费，用于帮助其他发展中国家开展能力建设和节能产品赠送等项目。2015 年中国宣布拿出 200 亿元人民币建立"中国气候变化南南合作基金"，支持其他发展中国家应对气候变化，包括增强其使用 GCF 资金的能力。"一带一路"倡议提出以来，我国政府积极鼓励中国企业、金融机构加强对沿线国家的基础设施投资，截至 2019 年底，中国参与的"一带一路"沿线国家气候投融资项目超过 160 个，极大地提高了这些国家的适应能力。

总的来说，中国气候资金主要投向减缓领域，占比约九成，其中八成以上的资金流向可再生能源和节能减排等投资收益较为明显的领域，资金的主要来源为优惠贷款、债券、股权投资等。投向适应领域的资金量较小，主要用于农林业和防灾减灾建设，资金的主要来源为优惠贷款和债券。国际合作和能力建设领域的投入也已经开始，尤其是南南合作近几年有明显上升趋势。

第4章 我国气候投融资需求供给及关键问题分析

构建气候投融资体系的目的是保障未来我国气候投融资需求，实现中长期应对气候变化的目标。然而，目前我国气候资金的供需矛盾较为突出，气候投融资制度和政策体系也面临若干亟待解决的关键问题。本章首先分析了实现我国国家自主贡献目标的气候投融资需求、气候投融资来源及资金缺口，其次从融资渠道、融资机制和政策体系等方面分析我国气候投融资体系存在的关键问题。

4.1 未来气候投融资需求分析

在我国实现碳达峰、碳中和目标愿景的进程中，既要积极推进未来经济社会向低碳转型以减缓气候变化，也要加强适应气候变化的能力以应对未来的气候风险。减缓和适应气候变化的方方面面都需要以当前及未来大规模的投资为基础，包括基础设施投资、能力建设投资及研发投资等。本节基于已开展的相关研究分析未来我国气候投融资需求，并重点估算碳达峰的气候投融资需求。

4.1.1 减缓领域

我国提出了二氧化碳排放力争于2030年前达到峰值，努力争取2060年前实现碳中和的目标。这个目标本质上是一个半定量的目标，第一，这一目标只给出了碳达峰、碳中和时间的期望，而并没有给出确切时间；第二，我国并没有对达峰峰值的大小给出明确的数值，这给估计资金需求带来了很大的不确定性；第三，我国并没有对达峰的路径给出确切的定义，即使明确了达峰的峰值大小，但是以何种路径轨迹达到峰值仍然受到未来经济发展、技术进步、市场环境及政策环境的不确定性影响。因此，在这一半定量的目标下，不同机构研究往往有不同的情景假设，如达峰的具体时间、达峰的峰值及达峰路径等，而不同的达峰情景下所需要的气候资金规模往往具有很大的差异。本章基于已有的相关研究梳理和估算了我国实现气候目标的资金需求，主要结果如下。

（1）UNDP 指出，在控排情景下，即 2020 年和 2050 年分别比 2005 年碳强度降低 51% 和 85% 的情景下，2010～2050 年需要 9.5 万亿美元（66.5 万亿元人民币）的增量投资，其中 2010～2030 年每年需要的增量投资约为 1850 亿美元（1.3 万亿元人民币），2030 年后每年需要的增量投资为 2900 亿美元（2.0 万亿元人民币）。

（2）伦敦政治经济学院基于国际能源署对减缓领域资金需求的相关研究和世界银行对适应领域资金需求的相关研究，提出 2030 年中国应对气候变化资金需求约为 2050 亿美元（约 1.37 万亿元人民币），其中减缓领域约 1.29 万亿元，适应领域约 0.08 万亿元。

（3）中国国家气候变化专家委员会主任、清华大学何建坤教授指出，根据初步测算，仅是新能源方面的投资到 2030 年的总资金需求就超过 10 万亿元，如果加上节能、森林碳汇等其他措施，总的资金需求在 40 万亿元左右。

（4）中央财经大学气候与能源金融研究中心联合相关机构开发的气候融资需求分析模型显示，中国气候资金需求在 2030 年之前持续增长，资金缺口基数巨大。《2016 中国气候融资报告》估算，2020～2030 年，资金需求相对稳定，每年的投资规模稳定在 2.5 万亿元人民币左右，到 2030 年资金需求为 2.52 万亿元人民币，相当于当年度 GDP 的 1.8%；2030～2050 年进入投资收益阶段，受益于早期持续投资的长期收益，该阶段资金需求将快速下降，到 2050 年资金需求降低为 1.50 万亿元人民币。

基于以上主要研究机构的估计结果，对当前及未来我国气候减缓投融资的需求进行汇总分析，2030 年气候减缓投融资的需求在 1.29 万亿～2.52 万亿元，平均为 1.82 万亿元（表 4-1）。

表 4-1　2030 年我国气候减缓投融资需求估计汇总

机构	预测总资金需求/万亿元	预测年度资金需求/（万亿元/年）
UNDP	2010～2050 年：66.5	2010～2030 年：1.3 2030 年后：2.0
伦敦政治经济学院		1.29
清华大学	2015～2030 年：30	2.0
中央财经大学		2020～2030 年：2.5 左右 2030～2050：逐渐降低至 1.5

4.1.2　适应领域

我国人口众多、生态环境比较脆弱、气候条件相对较差，自然灾害较重。2016全年因洪涝和地质灾害造成直接经济损失 1030 亿元，其中因旱灾造成直接经济损失 836 亿元，因低温冷冻和雪灾造成直接经济损失 129 亿元，因海洋灾害造成直接经济损失 136 亿元。全年共发生森林火灾 3703 起，森林火灾受害森林面积 1.9万公顷。全年农作物受灾面积 2489 万公顷，其中绝收 309 万公顷。我国的气候变化适应资金通常与环境保护资金和社会发展资金混合在一起，虽然难以准确区分和量化分析具体数据，但我国的气候变化适应资金需求必然是巨大的，主要涉及农业领域、水资源领域、人体健康、海岸带及沿海地区、基础设施。

（1）农业领域。农业是国民经济的基础，粮食安全是国家长治久安的基本保证。农业尤其是粮食生产对气候变化非常敏感，是受气候变化影响最大的产业之一。气温不断升高，灾害日渐频繁，对粮食和农业的影响越来越大。气温每上升1℃，粮食产量将减少 10%。极端气候导致全球小麦平均每 10 年减产 1.9%，玉米减产 1.2%。气候变化对我国农业生产带来的负面影响尤为突出和巨大。我国每年因气象灾害导致的粮食减产超过 500 亿公斤[①]，其中旱灾损失最大，约占总损失量的 60%。有关研究表明，如果不采取任何措施，到 2030 年我国种植业生产能力在总体上可能会下降 5%～10%。绿色和平报告预测，到 2050 年，因温度升高、农业用水减少和耕地面积下降等因素，会使我国粮食总生产水平下降最高达 23%。农业领域适应气候变化主要包括增强农业生产抗灾能力，改善农业环境，减轻农业病虫草害，保证未来粮食安全，增加农业生产稳定性，增强各级部门对农业适应气候变化的认识和能力建设。

（2）水资源领域。水资源是满足粮食和人民群众生活，保障经济社会可持续发展的战略性经济资源。水资源领域适应气候变化，以工程性适应和制度性适应为主要手段，包括加强水利基础设施建设，大江大河、重要城市和重点地区防洪防旱，保护河流生态系统，改善水资源，提高水资源管理能力和水平，提高水资源利用效率和效益，水资源可持续利用等措施。其中，水利基础设施建设的投资需求较高。"十二五"时期，我国水利建设完成总投资超过 2 万亿元，再创历史新高，2014年我国水利建设投资达到 4881 亿元，其中，中央投资 1627 亿元，分别较前一年增长 11%、15.6%。"十三五"时期，按照中央一号文件《关于加快水利改革发展的决定》的要求，我国水利建设投资需求达 2 万亿元，主要用于防洪抗旱减灾体系、水

---

① 《我国每年因气象灾害粮食减产逾五百亿公斤》，http://www.cma.gov.cn/2011xwzx/2011xqxxw/2011xqxyw/201610/t20161019_334977.html[2022-09-02]。

资源合理配置和高效利用体系、水资源保护和河湖健康保障体系。

（3）人体健康。气候变化引起的包括热浪、风雹、洪水、干旱和台风等极端气候事件，会通过各种方式对人体健康产生负面影响，如气候变化可能引起热浪频率和强度增大，增加死亡人数和严重疾病发病率，增加心血管病、疟疾、登革热和中暑等疾病发生的程度和范围。研究表明，气候变化还会增加我国雾霾天气的频率，并进一步对人体健康产生负面影响。适应气候变化，保护人体健康主要包括更好地预报和监测气候因素对人体健康造成的影响，加强公共卫生服务和疾病控制，减小气候变化对人体健康的直接和间接影响。气候变化对人体健康的负面影响巨大，甚至难以用经济指标进行衡量。例如，根据世界卫生组织（World Health Organization，WHO）的估计，到 2030 年，气候变化导致的健康损失将达到 20 亿~40 亿美元，每年或将有 25 万人因气候变化死亡，其中 380 000 人死于高温，48 000 人死于腹泻，60 000 人死于疟疾，95 000 人死于营养不良。

（4）海岸带及沿海地区。我国是海洋大国，拥有约 300 万平方千米的海洋国土、18 000 千米海岸线和 14 000 千米海岛线，海洋资源十分丰富。气候变化已对我国海岸带生态环境造成了一定影响，主要表现为近 50 年来中国沿海海平面上升有加速的趋势，并造成海岸侵蚀和海水入侵，珊瑚礁生态系统发生退化等。如果不采取适应行动，气候变化对我国海岸带及沿海地区的影响将进一步扩大。研究表明，如果海平面上升 0.5 米，在没有任何防潮设施情况下，我国东部沿海地区可能约有 4 万平方千米的低洼冲积平原将被淹没，经济损失难以估量（储诚山和高玫，2013）。我国海岸带及沿海地区适应气候变化主要包括开展海洋气候观测与预测、海平面上升适应、海洋防灾减灾、海洋生态系统响应与适应等。

（5）基础设施。气候变化将对居住地的基础设施、工业、农业、旅游业、建筑业等产生直接影响。气候变化会导致人口集中迁移，影响居住地的变化和迁移，对既有基础设施的服务能力造成压力。因此，提高基础设施建设和运行能力，对于适应气候变化，提供良好的服务水平和服务质量显得尤为迫切和重要。适应气候变化，新建或改造现有基础设施所需资金投入巨大。例如，2012 年 7 月 21 日北京特大暴雨对道路、地铁、铁路、输配电线路等基础设施造成重大影响，直接经济损失超过 100 亿元。2021 年 7 月 20 日郑州市特大暴雨导致市区严重内涝，道路损毁、交通中断、地下空间被淹，电力、通信设备损毁严重，直接经济损失超过千亿元。

适应气候变化领域所需资金庞大。世界银行的测算结果表明，至 2050 年，即使是 2℃ 的轨迹，每年全球适应措施的花费也将达到 700 亿~1000 亿美元。根据《联合国气候变化框架公约》的预测，到 2030 年全球每年适应总成本为 490 亿~1710 亿美元，其中发展中国家的适应资金需求为每年 270 亿~660 亿美元。联合国环境规划署认为，到 2030 年，发展中国家适应气候变化的实际成本将达到每年 1400 亿~3000 亿美元。通过对比可以看出，三家机构对于适应资金需求的估计范围差距较大，最大值和最小值相差达 5 倍，这反映了未来适应资金需求的不确定性和动态性，也反映了准确估计的难度。本章取三家机构估计结果的平均值，即到 2030 年发展中国家平均每年需求为 790 亿～1500 亿美元。

假定气候风险和适应需求在全球平均分布，以我国 GDP 和人口占世界比重两种方式估算我国 2030 年适应资金需求：分别为 189.88 亿～662.63 亿美元（折合人民币为 0.12 万亿～0.46 万亿元）和 230.66 亿～805.23 亿美元（折合人民币为 0.14 万亿～0.56 万亿元），详见表 4-2。

表 4-2　全球及我国 2030 年适应气候变化资金需求（单位：亿美元）

领域	全球适应资金成本	发达国家适应资金成本	发展中国家适应资金成本	中国适应资金成本	
				基于 GDP 估算	基于人口估算
农业领域	420	210	210	54.25	65.93
水资源领域	330	60	260	42.63	51.70
人体健康	150	—	150	19.38	23.55
海岸带及沿海地区	330	210	110	42.62	51.80
基础设施	240～2600	180～1760	60～770	31.00～503.75	37.68～612.25
合计	1470～3830	660～2240	790～1500	189.88～662.63	230.66～805.23

注：基于《联合国气候变化框架公约》、世界银行和联合国环境规划署公布的相关数据及 2015 年世界人口和 GDP 数据估算；2015 年中国人口占世界人口的比重为 18.84%；2015 年中国 GDP 占世界 GDP 的比重为 15.5%

综合以上对减缓领域和适应领域我国气候资金需求的分析结果，估算到 2030 年我国每年的气候资金需求为：气候减缓资金需求为 1.29 万亿～2.52 万亿元，气候适应资金需求为 0.14 万亿～0.56 万亿元，气候资金总需求为 1.43 万亿～3.08 万亿元。

4.2　我国未来气候融资来源分析

基于我国现有的气候资金来源及规模，进一步估算到 2030 年气候资金的来源及规模。①2015 年来自国内外的公共资金规模为 5257 亿元，2011～2015 年年均增速为 7% 左右，如果未来仍按这一速度增长，能覆盖 49% 左右的资金需求；②到 2030 年我国经济在保持中高速增长的条件下，综合国力进一步增强，来自国内的公共资金约占 24%，估计从国际社会获得的公共资金约占 25%；③未来所需资金将主要来源于传统金融市场（绿色信贷和绿色债券）、碳市场及企业直接投资等，将提供 51% 的资金需求；④假设 2030 年保守碳价格为 100 元/吨，我国碳市场覆盖一半的排放，通过优化碳市场配额分配方式及发展碳金融市场，碳市场的融资规模将能贡献约 15% 的资金需求；⑤以此推断，其余 36% 左右的资金仍需要由传统金融市场（绿色债券及绿色信贷）及企业自有资金来提供，慈善事业捐赠资金会有所增加，但是其比例构成非常有限。

从资金来源的变化来看，公共资金总体占比将从 2015 年的 71%（5257 亿元）降低到 49%（7007 亿～15 092 亿元），需建立绿色金融体系来激励和引导民间投资；其中，国际公共资金相对占比减少，从当前的 53%（3923 亿元）减少到约 25%（3575 亿～7700 亿元）；国内公共资金相对占比增多，从当前的 18%（1334 亿元）增加到 24%（3432 亿～7392 亿元）。碳市场资金占比增长，从当前的 1%（74 亿元）增加到 15%（2145 亿～4620 亿元），仍具有巨大发展潜力。传统金融市场及企业自有资金相对占比将增加，当前占比为 28%（2076 亿元），未来占比为 36%（5328 亿～11 088 亿元）。

综合以上我国每年气候资金来源现状与 2030 年需求分析，要实现我国 2030 年或之前碳排放达峰的国际承诺，我国每年气候资金缺口为 0.69 万亿～2.34 万亿元。其中，传统金融市场及企业自有资金的缺口为 3252 亿～9012 亿元，国内公共资金的缺口为 2098 亿～6058 亿元，国际公共资金的缺口为 0～3777 亿元，碳市场的资金缺口为 2071 亿～4546 亿元。

4.3　我国气候投融资体系存在的关键问题

4.3.1　我国气候投融资面临的一般性障碍与挑战

尽管我国气候投融资已经取得一定进展，但目前投入气候变化领域的资本规模仍然较小，气候投融资的发展潜力巨大。当前我国气候投融资仍然以公共资金为主，未来面临两方面的问题：一是如何提高公共资金的使用效率；二是如何扩大资金来源，以吸引更多的社会资本进入气候投融资领域。这些挑战中的大部分是我国未来气候投融资发展面临的共性问题，具体如下。

1）环境外部性内部化困难

气候投融资面临的首要的、最根本的挑战是如何有效地将环境外部性内部化。这些外部性对于低碳投资而言是"正"的，因为其产生的效益能给第三方带来好处。但如果投资活动增加温室气体排放会损害第三方利益，则体现为对气候的"负"外部性。由于将外部性风险内部化存在困难，应对气候变化投资不足，而排放密集型投资过度。

2）资金期限错配

在流动性要求较高的资金供给和长期项目融资需求之间进行期限转换是金融

体系的一个重要功能。但在现实中，相对长期项目的融资需求而言，长期资金供给不足；期限错配成为许多市场常见的挑战，并导致基础设施投资不足。许多绿色基础设施项目也面临同样的问题。长期绿色基础设施项目严重依赖银行贷款，而银行由于负债端期限较短，难以提供足够的长期贷款。另外，绿色低碳项目比传统项目往往更加依赖长期融资，因此所面临的期限错配问题更加严重。比如，建设一栋节能建筑的前期成本高于普通建筑；与火电站相比，建设太阳能或风能电站的前期资本投入与运营支出占全部支出的比重更高。对于火电站，生命周期的全部成本中很大一部分是用于购买能源的开支，短期融资即可满足需求；而对于气候友好型的节能建筑、风能或太阳能项目，往往需要长期的融资需求。

3）缺乏对气候友好型金融标准的明确定义

应对气候变化的投融资活动属于气候友好型投融资，本质上也属于绿色金融的一部分，然而缺乏对气候友好型投融资或者绿色金融活动和产品的明确定义，可能成为投资者、企业和银行识别绿色投资机会的障碍。明确的定义和标准是金融机构开展预算、会计和绩效评估的基础，若没有恰当的定义，它们难以将金融资源配置到气候友好型投融资或绿色项目资产中去。此外，缺乏相关定义标准还可能阻碍风险管理、企业沟通和政策设计。

4）投资项目信息不对称

许多投资者对投资低碳和气候友好型的项目/资产有兴趣，但由于企业没有公布其相关环境信息，增加了投资者对资产的"搜索成本"，因此降低了其投资吸引力。具体来说，若投资者不了解被投资企业的环境信息（如能源消耗和排放等），就不能有效识别绿色企业并将金融资源配置到这些企业。此外，即使可以获取企业或项目级别的环境信息，若没有持续的、可信赖的绿色低碳资产"贴标"，也会对低碳投资构成制约。在一些国家，由于不同政府部门的数据管理呈割据状态（比如，环境监管部门收集的数据不与银行监管机构和投资者共享），也加剧了信息不对称。此外，如果金融机构不充分了解某些绿色技术是否在商业上可行，以及绿色投资面临太大的政策不确定性，也是一种重要的信息不对称。这些问题导致了一些投资者在可再生能源、新能源汽车和节能科技领域强烈的避险意识。

4.3.2　我国主要社会融资渠道存在的问题

1. 金融机构缺乏相关专业能力和外部激励

1）缺乏分析和执行能力

一些银行业缺乏评估高度复杂且不断变化的气候相关风险的能力。例如，这些机构缺少可以对新项目环境效益和成本进行量化分析的工具、估算环境成本如何转化为未来违约风险的建模工具,以及可以对项目的绿色绩效进行评价的方法。这些能力上的缺失会导致对排放密集型行业的过度投资和绿色领域的投资不足。

2)缺乏有效的外部激励

在目前的环境下,节能减排的外部性较强。中国银行业参与绿色金融项目,当前依然处于中国人民银行主推,而商业银行参与意愿不浓的状态。因为银行业金融机构开展专业性较高的绿色信贷业务,往往伴随着成本提高或风险增加。目前缺乏财政、税收等方面的激励机制,银行业金融机构开展绿色信贷的动力不足。另外,虽然银行业已意识到发展绿色金融业务是未来实现可持续发展的必经之路,然而在信贷和债券领域,过分强调绿色,会导致银行失去一些客户资源,于是很多银行积极性也会大打折扣。

2. 投资机构缺乏投资相关信息、政策引导与激励

1)数据缺乏造成信息不对称

企业环境信息披露十分有限,使得投资者难以识别绿色资产或难以对环境风险进行评估和决策。投资顾问、股票分析师或信用评级机构在投资分析中也还没有充分考虑环境风险因素。能满足投资者对流动性和风险/回报预期的绿色金融产品也较为有限。缺乏对绿色的明确定义、标准和认证,阻碍了资金向绿色债券等新资产类别的配置。

此外,缺乏借款人的环境信息(如借款人的排放数据和所采用的能源与控排技术)也制约了银行对项目和公司所面临环境风险的评估能力。缺乏集中的行业数据库,也限制了对气候相关的经营和市场风险的分析。这些问题的出现往往是由于国家内部不同机构之间缺乏合作,比如排放信息披露的要求应该由政府或证券交易所发布,而银行往往不能单独解决。

2)缺乏战略性政策信号

机构投资者(包括共同基金、保险公司、养老基金和主权财富基金等)有兴趣考虑环境因素,部分原因是它们追求长期价值创造和风险调整后的更高收益,而环境因素正被日益视为投资业绩的驱动力,许多分析结果也表明环境因素和公司财务绩效之间存在正相关。机构投资者对绿色金融产品(包括股票、债券、基础设施等)的资产配置还比较少,但在不断增加。此外,越来越多的投资者关注投资与长期政策信号是否保持一致,如可持续发展目标(sustainable development goals,SDGs)和《巴黎协定》。

如果国家层面的政策缺乏透明度和确定性,就会影响投资者的信心。政策的不确定性会造成风险溢价增加、融资成本高企,从而制约绿色投资。联合国 SDGs 和《巴黎协定》已为绿色投资者提供了长期方向,但仍需要转化为国家具体的计划和战略,才能有效地激励绿色投资。政府可针对绿色投资的战略框架,为投资

者提供更为清晰的环境和经济政策信号，比如实施 SDGs 和《巴黎协定》的具体规划。

3）责任投资原则的执行不够到位

机构投资者对责任投资原则的采纳和实施受到激励错位、能力不足和信息不对称等因素制约。首先，利益冲突和缺乏激励导致机构投资者在资产配置和投资分析中过度考虑短期因素，而对长期环境因素考虑不足。其次，机构投资者缺少相关的方法和能力，因此难以充分评估被投资企业的环境表现及其对估值的影响。最后，机构投资者很少向资产所有人披露其与环境相关的投资策略和业绩。政府可以鼓励市场参与者采纳和实施责任投资原则，并披露实施这些原则的进展，使责任投资原则覆盖更多的机构投资者。

4.3.3　我国气候投融资制度和政策体系存在的问题

1. 气候投融资定义和标准不统一，相关的 MRV 体系尚未建立

目前中国已经开展了包括绿色债券在内的一系列绿色金融产品标准的研究和制定，但气候投融资仍缺乏统一标准，阻碍了金融资源配置到气候友好型投融资项目中去，并且给风险管理、企业沟通和政策设计带来不便。

中国尚未有对气候资金进行测量、报告和核查的体系，这既包括气候融资定义和测量标准的模糊，也包括核查体系的缺失。除来自国际碳市场的补偿资金可核证与监测外，其他气候资金均未被单独列出，尤其是对国外私人部门资金的进入没有准确测算，难以估量其对经济安全的影响。目前气候资金尚未单独核算，公众可以获得的关于中国气候融资的统计数据稀缺、分散，无法对中国气候资金流进行全面准确的分析（曾桉等，2022）。因此，目前所获得的数据还无法形成适合综合分析的数据体系，且面临着几个重要的问题：没有建立专门针对气候投融资的统计体系，有的资金被归类于绿色或节能减排等，但这仅表明资金中有一部分用于应对气候变化，但并不能识别有多少资金直接与应对气候变化相关；不同数据来源对数据统计的口径不一致；同一数据来源，在不同的年限，统计口径也有调整；统计和汇报的期限不同，导致数据不可比。上述问题使得从宏观上定量描绘出中国气候融资的全景变得非常困难。

因此，我国应该尽快开始对气候融资基础数据进行统计和汇报，逐渐建立起一个可测量、报告和核证的体系，并提供如下的统计数据：①不同来源的气候资金规模；②主要融资媒介与气候变化相关业务的规模；③主流融资工具的融资规模；④投入不同领域的资金规模。只有在上述数据的基础上，才可能对国际气候资金的转移、国内气候资金的筹集、金融机构的融资工具创新、气候资金使用的

公平和效率等问题进行有效评估,从而更科学地提出具有针对性的气候融资政策。

2. 公共资金融资渠道狭窄,融资来源不确定

公共资金是气候资金的主要来源,但面临资金规模萎缩的风险。一方面,国际公共资金收入来源萎缩。2008 年美国次贷危机及 2010 年欧洲主权债务危机导致欧美各国纷纷开始推行财政紧缩措施,目前全球经济仍处于缓慢的复苏调整进程中。这导致发达国家公共资金来源的收入不能得到保证,向发展中国家转移气候资金的承诺很难落实。尽管一些发达国家承诺向 GCF 注资,但从整体上看发达国家还远没有兑现承诺。与此同时,近年来随着中国经济实力的日益提升,发达国家给予中国发展援助的意愿和规模也有所降低,多国纷纷宣布拟削减对中国的发展援助,这势必会影响到国际气候资金的供应。国际碳市场的资金来源渠道收紧,欧盟碳交易市场碳价低迷的现状及只从最落后的发展中国家购买 CER 的改革措施,将大幅缩减国际碳市场流入中国的资金规模。

另一方面,国内气候变化公共资金供需缺口较大。我国应对气候变化公共财政资金的保障方面有两个亟待解决的难题和显著的需求:一是资金需求与供给之间存在巨大差距,可获得的资金数额远远小于减缓、适应及能力建设等方面的基本资金要求。目前我国公共财政在应对气候变化方面可取得的特定收入除了 CDM 项目的国家收入和可再生能源电价附加外,还没有直接与气候变化相关的资金收入,这增加了公共财政支持应对气候变化的资金压力,导致了用于气候变化领域的财政资金比例难以获得可持续增长。二是公共资金机制还没形成有效的资金执行和评估模式,以逐步提高资金利用质量,增强资金获取的可持续性。因此,探索与应对气候变化财政制度及相关的新的公共财政收入来源是气候融资面临的挑战。

3. 公共资金管理体制机制有待进一步完善

一方面,公共财政资金投向未能集中体现应对气候变化的目标。整体而言,财政欠缺气候变化科目,不能直接、充分、明确地反映出政府的气候变化相关职能,与国家战略目标不相匹配。此外,应对气候变化应坚持减缓与适应并重的原则,而在现存财政科目中,由于国家在减缓相关的节能减排领域制定了明确的目标和任务,与之相对应的手段、工具、途径比较多样化,为更有效地使用财政资金奠定了基础。相比而言,适应气候变化在国家规划中仅被提及,没有确立鲜明的定量指标,与之相对应的手段、工具和途径相对比较匮乏,资金投入非常分散。另外,气候融资最基本的特性要充分体现温室气体减排和适应能力增强这两个明显收益,而在传统的财政资金监管和绩效评估体制中,也未针对应对气候变化的要求,设立相应的监管和评估标准。因此目前气候变化资金绩效评估的政策法规

不完善。而没有一套完善、明确的评价体系，气候资金的投入产出无法衡量，资金的使用效果也难以证实。没有对资金的使用效益进行评价和反馈，就无法更好地指导后续资金的使用和管理，引导资金流向和创新资金使用机制。

另一方面，中国气候资金管理部门设置缺乏统一的管理机制和总体协调机构。目前，各类型资金审核和管理部门分散在各个部委，缺乏统一的协调机制对气候融资统一监测和管理。中央财政拨款和补贴，由财政部经济建设司和国家发展改革委财政金融和信用建设司管理；来自国际金融组织和外国政府的涉及气候变化领域的贷款，被纳入所有国际金融组织贷款及外国政府贷款的范畴中，由国家发展改革委利用外资和境外投资司进行审批和管理；外商直接投资于气候变化领域的项目，由商务部外国投资管理司进行审核管理。应对气候变化主管部门，受其职能所限，在统筹和协调相关项目安排、调度财政拨款和外来资金、资金使用分配等方面，都具有一定的局限性。

4. 公共资金使用效率有待进一步提高

一是公共资金的引导能力不足。在应对气候变化领域，公共资金所起到的作用是非常关键的。公共资金不仅应当是应对气候变化投资初期的主要资金来源，更应当通过资金合理运用建设良好投资环境，培育市场，引导社会资金投资。但从目前来看，由于有限的公共资金投入方式难以化解社会投资的风险，以及部分政策和机制不完善等，公共资金对社会资本的引导能力还相当不足。

二是公共资金的利用形式有限。目前气候变化领域的社会投资面临着一系列投资障碍与风险，包括投资成本与风险过高、风险规避机制薄弱等问题，而充分发挥公共部门资金的杠杆效应，带动有效社会投资是大规模筹集气候变化资金的决定因素。但是目前公共资金主要以赠款、补贴、税收优惠等形式投入，这些传统的使用方式对低碳投资的引导能力有限，难以化解社会投资风险。此外，由于目前支持应对气候变化的公共资金来源有限，公共资金规模增速的瓶颈也限制了其引导私人投资的能力。

三是公共资金的配置方式有待改进。中国以往进行的节能减排投资主要是基于政府行政命令，或政府财政补贴的激励，大多投入减排见效最快的领域，如淘汰落后产能等，整个社会节能减排的资源配置效率有进一步提高的潜力。

四是气候资金投向减缓和适应领域的比例失衡。尽管部分公共资金投向了农业、水资源、海洋、卫生健康和气象等领域，但整体来说，气候变化的适应领域并未像减缓一样，得到民众和社会资本的重视。这一方面是由于适应投资的资金需求大，且难以产生投资收益，其投资往往需要由公共部门来进行；另一方面是由于私人资金介入适应相关领域（往往涉及公共服务领域）的准入门槛较高，而能够产生良好投资回报的机制尚不健全。此外，气候变化适应相关的领域涉及范围很广，很多投资难以同传统的基础设施建设、农业、水资源利用与保护等领域的投资相区别，目前也没有统一适用的对适应资金的判别标准。

5. 传统金融市场的资金潜力尚未充分挖掘

一是缺乏强有力的金融支持政策。当前，国家层面对金融机构开展绿色金融业务主要采用引导性、指引性的措施，没有强制性、考核性的约束，也没有实施强有力的激励、支持政策，难以调动金融机构的绿色金融扩展到气候投融资领域的积极性。由于市场发展前景的不确定性，以及国内气候金融顶层设计缺乏、政策激励信号不明确，在气候融资领域，传统金融市场的作用尚未得到有效发挥，气候相关项目并不是投资热门领域。国内已开展的绿色金融或气候投融资实践，基本是在原有的金融模式上贴标签，没有实质性差别，没有对资金投放形成足够的吸引力。一些金融机构仅从企业社会责任、可持续发展角度考虑推行绿色金融发展战略，出于成本效益和投资责任的考虑，对进入绿色低碳这一新领域存在担忧，对推行气候投融资的兴趣不高。

二是企业融资难问题仍然突出。虽然银保监会大力推动绿色信贷的发展，但绿色贷款占贷款总量的比重仍然不高；债券融资和股权融资市场规模也相对较小，气候相关的项目和企业在未来一段时间内仍然难以摆脱融资困难的局面。融资风险及渠道狭窄限制了气候融资各个参与方的发展，尤其是对于企业来说，单纯依靠内部融资无法满足公司逐渐增长的资金需求，同时外部融资渠道也非常有限。据统计，中国低碳项目所获得的融资支持主要是政府的财政性融资和银行贷款，股权融资和直接债务融资所占的比例都相对较低。新兴的低碳技术领域活跃发展所依赖的中小型民营企业，比大型国有企业融资困难得多。

三是传统金融机构提供气候融资的动力不足。尽管当前我国出台了一系列旨在促进绿色金融发展的政策法规和指引，但政策目标与实际执行效果仍有差距。例如，中国银保监会发布了《绿色信贷指引》，要求银行业金融机构加大对绿色低碳循环经济的支持，控制落后产能信贷投放，并注意防范环境社会风险。但此类政策被普遍视为仅具指导性质的"软约束"，没有硬性的指标和详细的规则措施予以规范。因此，银行类金融机构在传统盈利模式下，本身要以存贷利差作为其最主要的收入来源，同时对气候领域的专业知识和案例积累相对较少，贸然进行投资就意味着更大的成本和风险。这就导致了目前金融机构参与碳金融的深度和广度有限，商业银行为碳减排项目提供直接融资，参与国际碳交易等金融服务较少；碳证券、碳基金等各种金融衍生品和金融服务支持缺失；专业性的中介机构在碳金融业务之中的参与性不足，未能起到有效降低交易成本和项目风险的作用等一系列问题。

四是传统金融部门与环保部门联动机制有待健全。按照现行的与应对气候变化或环境保护相关的金融政策实施体制，金融机构与环保部门之间应该实现信息同步，即金融机构根据环保部门提供的企业环境守法情况，决定是否将信贷发放给企业、同意企业上市；环保部门应与金融部门明确关键的控制性指标，共同量化并发布气候变化风险等级以及损失风险等，但目前共享的渠道和机制却不容易建立和完善。

6. 能力建设和国际合作有待加强

应对气候变化的能力建设包括政策的顶层设计、体制和机制建设、温室气体排放量的统计核算能力的形成、科研能力的提高、人才的培养、企业气候变化业务能力的提升及公众意识的培养等，由于应对气候变化是一个全新领域，对"软实力"建设的投资至关重要。迄今并没有相关研究定量估算过"软实力"所需的资金规模。虽然难以被量化，但其实这是一个庞大的系统工程，而且往往需要新增的、额外的投资，对于相关领域的明确界定和资金需求的测算需要得到重视。

气候资金的运用还包括气候资金的流出，即我国政府、金融机构和企业对其他发展中国家的支持和投资。对外气候投资不仅是我国应对气候变化南南合作国家战略的体现，也是拓宽资金运用渠道和方向的重要方式。但目前这部分资金流出并未受到充分重视，相关数据的统计也严重缺失，使得各界无法全面了解对外气候投资投向的领域和项目。

7. 专业人才和能力匮乏

气候融资业务涉及对温室气体排放信息的判断、环境风险的评估和金融产品的定价，专业性很强，需要具备节能低碳技术、法规和金融兼备的复合型能力来实施。目前金融机构严重缺乏这样的专业人才，也不具备相关的基础设施和知识储备，对气候投融资的效益评估和风险管控能力不足，缺乏评估高度复杂且不断变化的气候相关风险的技术和工具。

8. 地方参与气候投融资积极性不高

当前中国经济增速有所减缓，地方政府面临稳增长、保就业的压力，对低碳发展工作的重视程度有所下降。为完成应对气候变化相关指标任务，往往采取行政措施，没有充分认识到气候投融资在促进经济转型、培育绿色新动能方面的重要作用，在气候融资保障方面的探索不够，低碳企业的融资成本和门槛依然较高，地方经济绿色低碳转型的动力不足。

第5章 完善我国气候投融资制度的对策建议

当前国际形势风云变幻,加之全球新冠肺炎疫情冲击导致世界经济严重衰退,全球应对气候变化面临新的复杂形势。与此同时,中国应对气候变化的领导力不断增强,国际社会将发展低碳经济作为新冠肺炎疫情后经济复苏的重要抓手,绿色金融体系的不断完善等都给我国气候投融资制度的建设和发展带来新的机遇。我国气候融资现有的政策推进以自上而下的模式为主导,气候融资市场的内生动力不足,加之要实现碳达峰、碳中和目标,其难度与压力远远超过早已实现碳达峰的诸多西方发达国家,气候投融资标准、规则、产品、工具等诸多方面亟须比发达国家更多的努力和更快的变革。我国应从制度保障体系、配套政策体系和国际合作等方面入手完善气候投融资体系,更好地为实现碳达峰、碳中和目标提供资金保障(中国科学院可持续发展战略研究组,2021)。

5.1 我国气候投融资面临的新形势

5.1.1 《格拉斯哥气候公约》为解决未来气候资金问题打下了一定基础

《巴黎协定》要求气候计划每五年更新一次,因此格拉斯哥气候大会成为《巴黎协定》之后最重要的一次缔约方会议。经过各方最后磋商和协调冲刺,原定于2021 年 11 月 12 日结束的《联合国气候变化框架公约》缔约方第 26 次大会(COP26)延时到 11 月 13 日,达成共识文本《格拉斯哥气候公约》。总体而言,该公约在解决资金问题方面取得了一些进展。

(1)在 2009 年的哥本哈根气候大会上,发达国家承诺,在 2020 年前,每年向发展中国家提供 1000 亿美元的气候资金。然而 OECD 统计显示，截至 2019 年该目标仅完成了 80%，只有 20%用于气候适应相关的项目，真实的执行情况可能比这个数字更糟。COP26 主席表示，1000 亿美元的承诺有望在 2022 年兑现。

（2）缔约方首次同意分阶段压减淘汰未进行碳移除的煤电，这是联合国气候大会的宣言中首次提到化石燃料。2015 年，全球对化石燃料行业的补贴是 5.4 万亿美元，而且一直还在增长，到 2020 年已经达到 5.9 万亿美元。会议期间全球 40 余个国家宣布签署协议同意逐步淘汰煤炭，其中至少 23 个国家首次承诺停止新建燃煤电厂。格拉斯哥净零排放金融联盟（Glasgow Financial Alliance for Net Zero，GFANZ）也表示，未来相关机构管理的所有资产都将与净零排放保持一致。

（3）对气候适应的资助获得了一些进展。缔约方对气候变化造成的损失与损害的认识和回应较以往有所提高，发展中国家要求到 2025 年将适应资金倍增的条款也写进最后通过的协议中。

（4）经过 2015～2021 年 6 年谈判，《巴黎协定》实施规则最终获得通过，有关全球碳市场实施细则的内容得到批准。该条文涉及缔约国如何利用国际碳交易市场来减少各国碳排放，是国际协定中最复杂、最难理解的概念之一。根据最新协议，国家之间的碳交易有了新的规则，一个国家的政府可通过资助另一个国家的温室气体减排项目来实现其排放目标。尽管仍然存在不足，但这为建立一个全球性的碳交易市场铺平了道路。2021 年 11 月 10 日，中国和美国在联合国气候变化格拉斯哥大会期间发布《中美关于在 21 世纪 20 年代强化气候行动的格拉斯哥联合宣言》，双方承诺继续共同努力，在考虑各国国情的基础上，采取强化的气候行动，有效应对气候危机。两国重视发达国家所承诺的，在有意义的减缓行动和实施透明度框架内，到 2020 年并持续到 2025 年每年集体动员 1000 亿美元的目标，以回应发展中国家的需求，并强调了尽快兑现该目标的重要性。美国制定了到 2035 年 100%实现零碳污染电力的目标。中国将在"十五五"时期逐步减少煤炭消费，并尽最大努力加快此项工作。这份宣言为前景并不明朗的谈判注入了一剂强心针，中美作为温室气体排放大国，双方联手承诺在接下来的 10 年中开展合作共同应对气候危机，对实现温控 1.5℃的目标至关重要。

5.1.2　新冠肺炎疫情冲击导致全球气候资金来源紧缩，金融风险加大

联合国经济和社会事务部发布的《2021 年世界经济形势与展望》表明，2020 年全球经济产出下降 4.3%，为经济大萧条以来最为显著的萎缩。就业、健康和经济福祉因新冠肺炎疫情而受到威胁，政府和公众因而会更多地关注如何解决这一

紧迫且显著的危机，而不是气候变化等长期挑战，从而使投向气候变化领域的资金紧缩。要实现《巴黎协定》所制定的气候目标，总计需 75 万亿美元的投资。如今，实现这一融资目标将变得更具挑战性，尤其是对于因资本外流而已经难以偿还现有外币债务的新兴经济体而言。

受新冠肺炎疫情影响，2020 年全球碳排放下降了 5.4%，实现自第二次世界大战以来的最大降幅（图 5-1）。但是，2021 年由于全球经济复苏，碳排放出现反弹式增长（UNEP，2021）。2020 年 1 月，国际清算银行发表了《绿天鹅》一书，提出气候变化可能引发"绿天鹅"事件，从而进一步触发系统性金融危机，给人类社会造成巨大的财产损失。同期世界经济论坛发布的《2020 年全球风险报告》也提出，在本次调查的 10 年展望中，按照概率排序的全球五大风险首次全部为环境风险，其中极端气候事件是排名第一的环境风险。此次新冠肺炎疫情在一定程度上为全球能源转型、全球经济实现绿色及可持续发展打开了新的窗口。全球各主要经济体都在寻找一种可持续的方式刺激经济，这为经济增长朝着更加绿色的方向发展提供了助力，而这一过程也充满了挑战与机遇。

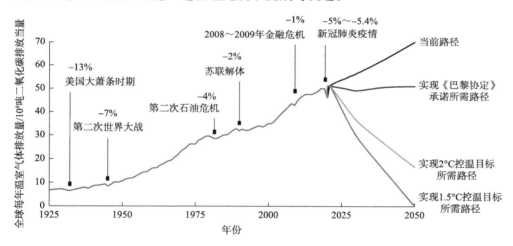

图 5-1　全球碳排放量受新冠肺炎疫情影响出现自二战以来的最大降幅

资料来源：全球大气研究排放数据库（Emissions Database for Global Atmospheric Research，EDGAR）5.0 版、FAO、PRIMAP-hist 数据库 2.1 版、全球碳项目（Global Carbon Project，GCP）、IPCC、联合国环境规划署发布的《2019 年排放差距报告》（Emissions Gap Report 2019）、世界资源研究所（World Resources Institute，WRI），以及波士顿咨询公司（Boston Consulting Group，BCG）

5.1.3　南南合作应对气候变化需要更多的资金输出

从第三世界的崛起到今天，发展中国家在国际舞台上经历了几十年的风雨，国际地位大大提高，在国际事务中的影响力不断增大，成为国际政治舞台上的一支重要力量。尽管发展中国家对外关系和对外政策存在着种种差异，但在国际经济旧秩序存在的条件下，发展中国家只有加强相互之间的合作，走集体自力更生的道路，才能真正发展起来。

自改革开放以来，中国积极参与国际发展合作，截至 2016 年，共向 166 个国家和国际组织提供了近 4000 亿元人民币援助，派遣 60 多万名援助人员。尽管中国当前面临着气候变化资金需求的巨大缺口，但仍秉持互利共赢、团结互助的理念，积极推动气候变化南南合作，通过多元化的气候援助方式，尽己所能帮助发展中国家特别是小岛屿国家、非洲国家和最不发达国家提升应对气候变化能力，减少气候变化带来的不利影响。2015 年中国宣布拿出 200 亿元人民币建立"中国气候变化南南合作基金"，支持其他发展中国家应对气候变化，包括增强其使用绿色气候基金资金的能力。同时，中国将继续增加对最不发达国家投资，力争 2030年达到 120 亿美元。中国将免除对有关最不发达国家、内陆发展中国家、小岛屿发展中国家截至 2015 年底到期未还的政府间无息贷款债务。截至 2019 年 9 月，中国已与其他发展中国家签署 30 多份气候变化南南合作谅解备忘录，合作建设低碳示范区、开展减缓和适应气候变化项目、举办应对气候变化南南合作培训班，培育了数千名应对气候变化领域的官员和技术人员，范围覆盖五大洲；对外援助累计 7.2 亿元。在应对气候变化南南合作方面，发展中国家仍然有强烈需求，主要集中在农业和林业、能力建设、海洋和气象及其他适应技术和减缓技术等领域，未来需要更多的资金支持。

5.1.4　绿色"一带一路"建设需要更多的气候资金投入

"一带一路"沿线国家饱受气候变化的影响，但"一带一路"沿线国家多为发展中国家，经济发展水平和技术水平相对落后，需要国际气候合作来适应和减缓气候变化。"一带一路"建设构想意味着我国对外开放实现战略转变。这一构想已经引起了国内和相关国家、地区乃至全世界的高度关注和强烈共鸣。中国正同有关各方一道积极推进"一带一路"建设，为发展中国家经济增长和民生改善贡献力量。

2014～2016 年，中国同"一带一路"沿线国家贸易总额超过 3 万亿美元。中国对"一带一路"沿线国家投资累计超过 500 亿美元，在沿线国家新签对外承包工程合同额 3049 亿美元。亚洲开发银行报告显示，亚洲国家到 2030 年需在基础设施领域投资 26 万亿美元，以应对贫困、经济增长放缓和气候变化问题。报告指出，目前在亚洲地区仍有 4 亿人无法用电，3 亿人缺乏安全的饮用水，15 亿人没有基本的卫生设施。要根本性改变这一问题，亚洲开发银行认为从 2016 年至 2030

年的 15 年，亚洲每年需要投资超过 1.7 万亿美元。为将"一带一路"建成和平之路、繁荣之路、开放之路、创新之路、文明之路，2017 年中国还承诺在 3 年内向参与"一带一路"建设的发展中国家和国际组织提供 600 亿元人民币援助，向"一带一路"沿线发展中国家提供 20 亿元人民币紧急粮食援助，在沿线国家实施 100 个"幸福家园"、100 个"爱心助困"、100 个"康复助医"等项目。

截至 2019 年，参与"一带一路"倡议的有 146 个国家，GDP 总量占全球的近 1/4，碳排放总量占全球的近 60%，"一带一路"建设的各项经济活动会对世界环境产生重大且深远的影响（OWD，2021；WDI，2021）。在当前全球应对气候变化和环境风险的背景下，"一带一路"沿线国家的投融资活动不仅要关注"量"更要关注"质"，这既是可持续发展的需要，也是国家责任的体现。根据 151 个发展中国家的国家自主贡献文件，有 84 个国家提出具体的国家自主贡献资金需求，其减缓与适应的资金总需求达 4.4 万亿美元，其中减缓与适应的资金需求比例约为 6∶4，国外资金需求与国内资金需求比值约为 7∶3。而在供给层面，截至 2019 年 4 月，"一带一路"沿线国家中只有约 30%报告了绿色金融活动。现阶段"一带一路"沿线国家气候变化不仅面临巨大的资金缺口，也面临参与度有限的问题，大量的气候投融资刻不容缓。

5.2　我国气候投融资面临的新机遇

5.2.1　中国应对气候变化的领导力不断增强

作为最大的发展中国家，中国始终高度重视应对气候变化工作。党的十九大提出"引导应对气候变化国际合作，成为全球生态文明建设的重要参与者、贡献者、引领者"[①]。习近平总书记多次强调，"应对气候变化不是别人要我们做，而是我们自己要做，是我国可持续发展的内在要求，是主动承担应对气候变化国际责任、推动构建人类命运共同体的责任担当"[②]。在 2018 年生态环境保护大会上，他明确指出，"要实施积极应对气候变化国家战略，推动和引导建立公平合理、合作共赢的全球气候治理体系"[③]。2020 年 9 月 22 日，习近平主席在第七十五届联

---

① 《习近平：决胜全面建成小康社会 夺取新时代中国特色社会主义伟大胜利——在中国共产党第十九次全国代表大会上的报告》，http://www.xinhuanet.com/politics/19cpcnc/2017-10/27/c_1121867529.htm[2017-10-30]。

② 《坚决贯彻落实习近平总书记重要宣示 以更大力度推进应对气候变化工作》，http://www.qstheory.cn/llwx/2020-09/30/c_1126561371.htm[2020-10-10]。

③ 《习近平出席全国生态环境保护大会并发表重要讲话》，http://www.gov.cn/xinwen/2018-05/19/content_5292116.htm[2018-05-25]。

合国大会一般性辩论上的讲话中宣布,"中国将提高国家自主贡献力度,采取更加有力的政策和措施,二氧化碳排放力争于 2030 年前达到峰值,努力争取 2060 年前实现碳中和"[①]。此后,习近平就碳达峰、碳中和发表多次讲话,高度重视科学实现"双碳"目标。这一富有雄心的目标为全球应对气候变化树立了典范,是负责任和领导力的体现,不仅为新冠肺炎疫情后实现全球绿色复苏注入新的活力,也为中国经济绿色低碳转型提供了信心和定力。

多年来,中国政府始终坚持《联合国气候变化框架公约》确定的公平、"共同但有区别的责任"和各自能力原则,与各方携手推动全球气候治理进程,为《巴黎协定》达成和尽早生效做出了决定性的贡献,推动实施细则的谈判取得积极成果,在联合国气候行动峰会上贡献中方倡议和中国主张。中国应对气候变化领导力不断增强,通过"一带一路"倡议、气候变化南南合作等框架开展应对气候变化多边合作,积极提供气候援助,进一步树立负责任大国形象,不断为全球气候治理和全球生态文明建设注入新的生机与活力。

5.2.2　国际社会将发展低碳经济作为新冠肺炎疫情后经济复苏的重要抓手

各界普遍认为,在"后新冠肺炎疫情时代"的经济刺激计划中,全球经济的发展并非不可以与保护环境及遏制气候变化兼容。在应对气候变化的过程中,也有推动经济金融发展的新机遇。

1)欧盟发布《欧洲绿色新政》

2019 年 12 月 11 日,欧盟委员会发布了《欧洲绿色新政》(European Green Deal),旨在将欧盟转变为一个公平、繁荣的社会,以及富有竞争力的资源节约型现代化经济体,提出了到 2050 年实现碳中和的目标,并计划于 2020 年提出加强 2030年国家自主贡献力度的提案,即把 2030 年减排 40%的目标至少提高到 50%,并争取提高到 55%。《欧洲绿色新政》描绘了欧洲绿色发展战略的总体框架:一是促进欧盟经济向可持续发展转型;二是欧盟作为全球领导者推动全球绿色发展;三是出台一项"欧洲气候公约"以推动公众对绿色转型发展的参与和承诺。其中,第一部分即促进欧盟经济向可持续发展转型是绿色新政的核心内容,涵盖了气候目标的提升,能源、工业、建筑、交通、农业等各领域的转型发展,生态环境和生物多样性保护,以及将可持续性纳入投融资、国家预算、研究创新等各项欧盟政策,并说明了如何确保转型公平、公正。作为绿色新政的一部分,欧盟

---

① 《习近平在第七十五届联合国大会一般性辩论上发表重要讲话》,http://www.xinhuanet.com/politics/leaders/2020-09/22/c_1126527647.htm[2020-09-23]。

委员会发布了《可持续发展融资行动计划》（Action Plan：Financing Sustainable Growth），旨在将可持续发展和环境目标纳入金融体系。该计划明确了 10 项具体行动，并提出了可持续活动分类方案的技术文件，将成为欧盟可持续金融发展的重要基础。

2020 年 7 月 21 日，欧盟 27 国领导人峰会经过"拉锯式"谈判后，达成了史上最大规模的经济刺激计划。按照计划，欧盟 2021～2027 年的长期预算金额将达1.1 万亿欧元，比上一个七年的财政支出高出 1100 多亿欧元。同时，欧盟还将发行 7500 亿欧元的共同债务，以帮助成员国缓解经济下滑。该计划旨在通过各种措施来支持《欧洲绿色新政》，加速实现环境目标的进度，包括减少对化石燃料的依赖，提高能源效率，投资于保护和恢复自然资本的政策等。几乎有 1/3 的资金专门用于应对气候变化，连同欧盟下一个 7 年的预算，将构成历史上最大的绿色刺激计划，且所有支出必须与《巴黎协定》削减温室气体的目标一致。生物多样性保护和可持续农业也得到特别重视。

2）英国制定《英国绿色金融战略》

2019 年 7 月 2 日，英国政府于第二届英国绿色金融年会上首次发布了《英国绿色金融战略》，旨在推动英国实现 2050 年温室气体零排放的目标。该战略包含两大长远目标及三大核心要素。两大目标：一是在政府部门的支持下，使私人部门/企业的现金流流向更加清洁、可持续增长的方向；二是加强英国金融业的竞争力。三大核心要素包括绿色金融、绿色融资、抓住机遇。其中绿色金融包括四个关键因素：一是设定共同的认识和愿景，即认同气候和环境因素导致的金融风险和机遇，并且积极采取措施应对此风险；二是明确各部门的职责；三是增加透明度，披露气候相关金融信息并建立长效机制；四是建立清晰和统一的绿色金融体系/标准。绿色融资的政策措施包括：一是建立稳健和长期的政策及法律体系；二是增加绿色投资的资金获得途径，如通过政府拨款撬动私人资本的投资绿色化；三是分析市场壁垒并对市场进行相应的能力建设，建议与地方一起合作加速绿色金融的发展；四是探索创新性办法和途径促进绿色投资。抓住机遇的三个核心要素：一是巩固英国作为全球绿色金融中心的地位；二是将英国定位于绿色金融创新、数据和分析的最前沿；三是加强绿色金融的能力和技能。

2020 年 3 月 11 日英国政府公布了规模达 300 亿英镑（1 英镑约合 8.93 元人民币）的一揽子经济刺激计划，以防范新冠肺炎疫情引发的衰退风险。同年 6 月30 日英国首相宣布最新经济复苏计划，表示要解决英国长期存在的经济问题，并承诺斥资 50 亿英镑来改建房屋和基础设施等。英国的经济刺激方案中包含大量的可再生能源发展和能效提升项目，但英国总计 22 亿美元的航空公司救助方案并没有绿色条件。

3）德国推出经济复苏计划

英国脱欧后，德国作为欧盟最具影响力的成员国之一，进一步加大了应对气候变化的力度。2020 年 6 月，德国政府通过了一项总价值为 1300 亿欧元的经济复苏计划方案（2020～2021 年），其中包括 500 亿欧元的"未来方案"（future package），聚焦于考虑气候变化和数字化转型的影响。方案涉及应对气候变化的多项举措，包括电动交通、氢能、铁路交通和建筑等领域。此外，适时出台绿色经济计划很有必要，这将有利于德国在未来瞄准减排方向，顺利完成能源变革和转型。

4）金融机构越发重视应对气候变化风险

气候变化给资产所有者带来了物理风险和转型风险。为了规避气候变化的金融风险，金融机构纷纷调整了其发展策略。英格兰银行的调查显示，近 3/4 的银行已经开始把气候变化风险作为金融风险来对待，而不再简单地将其视为企业的社会责任。许多银行、保险公司等金融机构也纷纷转变投资策略，逐渐限制高碳投资，加强对气候变化问题的关注。例如，全球最大的投资机构摩根大通公司（J. P. Morgan Chase＆Co.）在 2020 年 2 月宣布，将限制对新的燃煤电厂的融资，到 2024 年前逐步退出对该行业的信贷投放，并将停止为新的石油和天然气钻探项目提供资金，以作为保护北极国家野生动物保护区行动的一部分。根据全球能源监测（Global Energy Monitor，GEM）组织的全球燃煤电厂追踪（Global Coal Plant Tracker，GCPT）系统调查结果，2020 年上半年，由于煤电淘汰容量超过新增容量，全球煤电装机总量出现有史以来首次下降。欧盟和英国是这一下降趋势的主导，创半年净装机容量下降纪录（-8.3 吉瓦）。中国平安保险集团和中国人保财险等中国保险公司则试点加强气候相关信息的披露，从而使企业决策者和投资者能够更好地了解企业在不同气候情景的表现，以及有待改进的领域。

5.2.3　中国绿色金融体系的不断完善为气候投融资带来了最佳发展机遇

2016 年，中国人民银行、财政部、国家发展改革委等七部委共同印发《关于构建绿色金融体系的指导意见》，该指导意见是全球第一个国家层面的绿色金融顶层制度，明确将环境改善、应对气候变化和资源节约高效利用作为绿色金融支持的对象，通过顶层设计推动经济绿色低碳化发展。《关于构建绿色金融体系的指导意见》中包括绿色债券、绿色信贷、评估认证、信息披露等一系列具体政策，为绿色金融的规范发展提供了制度保障。目前，各相关部门正在按照职责分工，推动落实分工方案，加快完善绿色金融政策体系。

1）明确绿色金融体系的战略框架

2016 年 8 月，中国人民银行、财政部等七部委联合印发了《关于构建绿色金融体系的指导意见》，全面、综合地提出了中国绿色金融体系顶层设计方案。以此为基础，财政部等七部委陆续就绿色信贷、绿色保险、绿色债券等推出若干细则，并推动建立绿色金融可持续发展的"四大支柱"。一是绿色金融标准体系的建设。建立一个在全国范围内统一，同时又能够跟国际先进的做法相接轨的绿色标准体系，更好地和国际对话，更好地吸引国际投资。二是绿色金融数字基础设施建设。运用数字技术和金融科技推动绿色金融发展，未来将进一步推动绿色金融数字基础设施的建设。三是绿色金融产品的创新体系。致力于开发更多的绿色金融产品以引导资金更多地流向绿色发展领域。四是绿色金融发展的激励约束机制。通过采取激励约束机制来促使金融机构更加重视绿色金融的发展，如对于表现较好的金融机构，在中国人民银行的宏观审慎评估过程之中会进行区别对待。

2）设立区域绿色金融试点

2017～2019 年，经国务院批准，浙江、江西、广东、贵州、新疆、甘肃六省区九地建设了各有侧重、各具特色的绿色金融改革创新试验区。两年来，试验区积累了绿色金融改革创新的一系列成功经验，包括建立绿色金融地方标准和项目库、成立绿色金融行业自律机制、建设一体化信息管理平台、创新绿色金融产品、发行绿色市政专项债券等，已成为绿色金融"中国经验"的一张名片。

3）鼓励绿色金融产品和服务创新，增强绿色金融的商业可持续性

中国支持市场主体积极创新绿色金融产品、工具和业务模式，切实提升其绿色金融业务绩效[①]。我国的绿色融资主要依赖绿色信贷，此外还有绿色债券、绿色股票指数、绿色保险、绿色基金、碳金融等多种工具和渠道。《绿色产业指导目录（2019 年版）》和《绿色债券支持项目目录（2021 年版）》是目前中国绿色产业和绿色债券项目界定最为全面的指引，首个专门针对气候投融资的标准《气候投融资项目分类指南》也已经发布，为促进气候投融资的发展提供了方向。

4）成立了专门的绿色金融监管机构

中国绿色金融的牵头金融监管机构为中国人民银行，在绿色金融方面的职责和努力体现在以下方面：①联合其他部门设立绿色金融监管的顶层架构。2016 年 8 月，中国人民银行等七部委联合印发《关于构建绿色金融体系的指导意见》，全面、综合地提出了中国绿色金融的顶层设计方案，使绿色金融发展有据可依。②指导一系列绿色金融实施方案细则落地。在《关于构建绿色金融体系的指导意见》指引下，绿色债券、绿色信贷、环境信息披露、绿色产业标准、绿色金融政策激励、第三方评估认证等方面的具体政策也逐步落地。③推动国际绿色金融多边或

---

① 中国人民银行，《中国绿色金融发展报告（2018）》摘要。

双边合作。从 G20、央行和监管机构绿色金融网络（Central Banks and Supervisors Network for Greening the Financial System，NGFS）到中英经济财金对话等，中国人民银行继续在全球范围内推广绿色金融共识。

银保监会积极创新，在绿色信贷、绿色保险领域制定系列政策，推动行业发展。①积极推动绿色信贷发展，强调将 ESG 要求纳入授信全流程，与国际优秀实践进一步趋同。2019 年 12 月 30 日，银保监会印发《关于推动银行业和保险业高质量发展的指导意见》，鼓励银行业金融机构积极发展能效信贷、绿色债券和绿色信贷资产证券化，强调将 ESG 要求纳入授信全流程，与国际相关实践进一步趋同。②推动绿色保险发展。2017 年 6 月，环保部和保监会联合研究制定《环境污染强制责任保险管理办法（征求意见稿）》，环境污染责任保险由前期的试点推向全国。截至 2019 年 8 月末，保险业累计为 3700 多个首台首套重大技术装备项目提供风险保障超过 5000 亿元人民币。

证监会在信息披露、绿色债券标准化、绿色投资等领域不断创新实践。①强化上市公司 ESG 相关信息披露。2018 年证监会修订《上市公司治理准则》，在信息披露方面对上市公司披露环境信息等做了规定，形成了 ESG 信息披露的基本框架。②积极推动绿色债券标准化。证监会与中国人民银行联合发布了《绿色债券评估认证行为指引（暂行）》，强化对绿色项目的尽职调查。2021 年 4 月，中国人民银行、国家发展改革委和证监会联合发布《绿色债券支持项目目录（2021 年版）》，剔除了煤炭的清洁利用，同时还首次纳入碳捕集利用与封存（carbon capture, utilization and storage，CCUS）技术。

财政部负责绿色 PPP 项目、国家绿色发展基金和绿色项目财政补贴。2017 年 7 月，财政部、住建部、农业部、环保部联合发布《关于政府参与的污水、垃圾处理项目全面实施 PPP 模式的通知》，推动优化相关环境公共产品的服务供给。

5）注重能力建设，成立了专业机构促进绿色金融发展

2015 年 4 月，中国金融学会设立绿色金融专业委员会（以下简称绿金委）。相关绿色金融研究及推广专业机构纷纷设立，绿色金融标准、评估机制、环境风险分析的研发取得重要进展，绿色金融能力建设广泛开展，有力地促进了绿色金融发展。为了更好地发展绿色金融、应对气候变化，2019 年，生态环境部牵头，会同中国人民银行、银保监会、国家发展改革委、财政部等，成立了气候投融资专业委员会，为气候投融资领域信息交流、产融对接和国际合作搭建了良好平台。

气候投融资作为绿色金融框架下聚焦应对气候变化的部分，在今后的发展中，可以继承和借鉴绿色金融的政策行动框架，并借助绿色金融在利益相关方尤其是金融机构中的影响力，争取将气候的概念嵌入金融机构的决策框架中。同时，在后续的绿色金融体制机制建设过程中，将气候投融资更好地与绿色金融结合，更加突出减缓和适应气候变化，完善气候投融资的政策标准体系、工具产品和实践

应用，引导更多资金流向应对气候变化领域。

5.3　完善我国气候投融资制度政策建议

5.3.1　完善气候投融资顶层设计，加快制定《关于促进应对气候变化投融资的指导意见》的实施细则

一是明确环保、发改、金融、监管等部门职能和分工，加强各部门间的协同配合，建立部际协作机制。二是细化金融机构和企业等市场主体在资本引入和风险防范等方面的重点工作，基于不同规模市场主体特征制定差异化政策。三是将气候变化因素纳入宏观和行业部门产业政策及绿色金融政策，加大对气候投融资活动的政策支持力度。四是尽快出台气候投融资试点实施方案和配套支持政策，选择有条件的城市启动第一批气候投融资试点工作，形成可复制、可推广的经验。

5.3.2　制定完善符合我国实际的气候投融资标准，加强与已有标准的衔接

一是在《气候投融资项目分类指南》的基础上，以《绿色产业指导目录（2019年版）》《绿色债券支持项目目录（2021年版）》等绿色金融标准为参考，借鉴中欧《可持续金融共同分类目录》等国际准则，进一步完善气候项目技术标准、气候项目目录等气候投融资标准。二是推动气候投融资标准在"一带一路"等境外投资建设中的应用，积极参与国际气候资金机制规则制定，提高国内国际标准的互通性，提升资金双向流动便利化水平。三是逐步建立针对金融机构、企业和各地区等不同主体应对气候变化考核的指标和评估体系，将气候变化指标纳入考核体系，公开披露气候变化绩效。

5.3.3　建立符合国际惯例的气候投融资统计体系，加强气候相关信息披露

一是着力构建气候投融资的监测、报告与核查体系，一方面要准确统计量化国内国外、公共私人部门的气候资金，以更好地匹配2030年和2060年的气候资金需求；另一方面要准确统计量化气候项目的减排或固碳效果，为近零碳排放或碳中和提供数据支撑。二是搭建气候项目专项数据库，重点从项目资金流和产生

的减排效益对气候项目进行统计和管理。三是运用数字技术，创新气候相关信息披露工具和渠道，降低市场主体信息披露成本，提高信息披露便利度，加强信息披露的集成和共享。

5.3.4　推动气候投融资产品和工具创新，加强气候相关的金融风险管理

一是在全国碳排放权交易市场稳定运行的基础上，逐渐扩充碳市场覆盖行业范围，尽快出台"全国碳排放权交易管理条例"，为开展碳排放权交易提供法律基础。完善碳定价机制，促进碳排放外部效应内部化，刺激市场主体采用低碳技术，实现产业低碳转型，引导更多社会资本自发投向应对气候变化领域。二是鼓励金融机构发展气候信贷、气候债券、气候基金、气候保险、"互联网+气候金融"等多样化气候投融资产品和工具，充分发掘气候金融市场潜力。三是金融机构加强对气候变化相关的金融风险管理及产业低碳转型过程中系统性金融风险的防范工作，特别是防范高碳行业退出面临的资产搁置风险，促进产业平稳转型。

5.3.5　加强气候投融资专业研究，广泛开展交流合作

一是围绕碳达峰和碳中和目标，尽快开展分阶段的气候投融资制度安排、战略规划、政策标准、资金需求等方面的基础研究和政策创新。二是加强气候投融资专业人才队伍建设，培育具备气候投融资专业素养的队伍，并持续加强能力建设。三是依托中国主导和参与的多边平台和机构的影响力，进一步深化与各国政府、各级组织之间的务实合作，支持和引导合格的境外机构投资者参与中国境内的气候投融资的活动。

参 考 文 献

储诚山，高玫. 2013. 我国适应气候变化的资金机制研究. 甘肃社会科学，（4）：197-200.

方琦，钱立华，鲁政委. 2020. 银行与中国"碳达峰"：信贷碳减排综合效益指标的构建. http://stock.finance.sina.com.cn/stock/go.php/vReport_Show/kind/macro/rptid/637951594416/index. phtml[2020-03-20].

傅莎，柴麒敏，徐华清. 2017. 美国宣布退出《巴黎协定》后全球气候减缓、资金和治理差距分析. 气候变化研究进展，13（5）：415-427.

刘倩，粘书婷，王遥. 2015. 国际气候资金机制的最新进展及中国对策. 中国人口·资源与环境，25（10）：30-38.

马骏. 2016. 绿色金融：中国与 G20. 海外投资与出口信贷，（6）：3-10.

潘寻，朱留财. 2016. 后巴黎时代气候变化公约资金机制的构建. 中国人口·资源与环境，26（12）：8-13.

气候债券倡议组织，中央国债登记结算有限责任公司. 2018. 2017 年中国绿色债券市场报告. 上海：气候债券倡议组织.

气候债券倡议组织，中央国债登记结算有限责任公司. 2020. 中国绿色债券市场 2019 研究报告. 上海：气候债券倡议组织.

钱立华，鲁政委，方琦. 2019. 气候变化与国际气候投融资的发展. 金融博览，（10）：56-57.

生态环境部，国家发展和改革委员会，中国人民银行，等. 2020. 关于促进应对气候变化投融资的指导意见. www.mee.gov.cn/xxgk2018/xxgk/xxgk03/202010/t20201026_804792.html[2020-10-24].

谭显春，顾佰和，曾桉. 2021. 国际气候投融资体系建设经验. 中国金融，（12）：54-55.

王遥，刘倩. 2013. 2012 中国气候融资报告：气候资金流研究. 北京：经济科学出版社.

危平，舒浩. 2018. 中国资本市场对绿色投资认可吗？——基于绿色基金的分析. 财经研究，44（5）：23-35.

曾桉，谭显春，王毅，等. 2022. 国际气候投融资监测、报告与核证制度及启示. 气候变化研究进展，18（2）：215-229.

中国科学院可持续发展战略研究组. 2021. 2020 中国可持续发展报告：探索迈向碳中和之路. 北京：科学出版社.

中国人民银行，财政部，发展改革委，等. 2016. 关于构建绿色金融体系的指导意见. www.mee. gov.cn/gkml/hbb/gwy/201611/t20161124_368163.htm[2020-10-24].

AfDB，ADB，AIIB，et al. 2020. 2019 Joint report on multilateral development banks climate finance. https://publications.iadb.org/en/2019-joint-report-on-multilateral-development-banks-climate-finance [2021-01-09].

AfDB，ADB，EBRD，et al. 2018. 2017 Joint report on multilateral development banks' climate finance. https://publications.iadb.org/en/2017-joint-report-multilateral-development-banks-climate-finance[2020-05-10].

Buchner B，Brown J，Corfee-Morlot J. 2011. Monitoring and tracking long-term finance to support climate action. Paris：OECD/IEA Climate Change Expert Group Paper.

Buchner B，Clark A，Falconer A，et al. 2019. Global landscape of climate finance 2019. Venice：Climate Policy Initiative.

CPI. 2011. The landscape of climate finance. Venice：Climate Policy Initiative.

Department for Business，Energy & Industrial Strategy. 2017. 7th National Communication. https://unfccc.int/files/national_reports/annex_i_natcom/submitted_natcom/application/pdf/19603845_united_kingdom-nc7-br3-1-gbr_nc7_and_br3_with_annexes_(1).pdf[2022-06-02].

Department for Business，Energy & Industrial Strategy. 2019. UK's fourth biennial report. https://unfccc.int/sites/default/files/resource/UKs%20Fourth%20Biennial%20Report%20Resubmission.pdf[2020-10-15].

Global Commission on Adaptation. 2019. Adapt now：a global call for leadership on climate resilience. https://gca.org/wp-content/uploads/2019/09/GlobalCommission_Report_FINAL.pdf [2022-05-05].

Green Finance Strategy. 2019. Transforming finance for a greener future. London：HM Government.

Hall N. 2017. What is adaptation to climate change? epistemic ambiguity in the climate finance system. International Environmental Agreements：Politics，Law and Economics，17（1）：37-53.

IPCC. 2014. Part a：global and sectoral aspects//Climate Change 2014：Impacts，Adaptation，and Vulnerability. Cambridge：Cambridge University Press.

OWD. 2021. CO_2 and greenhouse gas emissions. https://ourworldindata.org/co2-and-other-greenhouse-gas-emissions[2022-06-02].

UNEP. 2018. The adaptation gap report 2018. https://www.unenvironment.org/resources/adaptation-gap-report[2022-05-05].

UNEP. 2021. Emissions gap report 2021：the heat is on-a world of climate promises not yet delivered：executive summary. https://wedocs.unep.org/xmlui/handle/20.500.11822/36991[2022-06-02].

UNFCCC. 2018. 2018 Biennial assessment and overview of climate finance flow. Bonn：UNFCCC.

WDI. 2021. World bank open data. https://data.worldbank.org/[2022-06-02].

附　　录

附录 1　适应资金国家案例分析

本书以英、德、中三国为案例，分析其气候适应资金机制。气候适应资金主要分为国际公共资金、国内公共资金、国际私人资金和国内私人资金四个部分，以下分别从国内进展和国际援助两个层面进行国别案例分析。

案例一：英国适应资金体系分析

1. 英国的适应气候变化总体进程

英国目前已形成一套较为完善的国家适应战略、法律和政策框架，为适应资金体系建设建立了较好的基础。2000 年发布了气候变化国家战略，2005 年发布了国家层面的适应政策框架，提出了一套以风险分析与策略评估为基础的决策和工作指南，2008 年颁布了《气候变化法》，规定了适应气候变化措施的监察、评估和报告制度；2013 年颁布了首部《国家适应计划》，部署了重点领域适应气候变化的具体目标、行动方案、责任部门和进度安排；2018 年发布了《第二次国家适应计划（2018—2023 年）》，针对 6 个优先适应领域确定了未来 5 年的关键适应行动。此外，英国还发布了一系列影响监测、风险评估和实施行动的计划与政策等。根据《气候变化法》，国家气候变化委员会从 2010 年起，每年发布适应行动的进展报告，并建立了由政府各部门组成的灾害预警和防范系统，为公众和政府及时、准确地提供灾害预警和防灾减灾服务。英国相关政府部门也发布了部门气候变化适应规划，英格兰发布了《英格兰适应气候变化：行动框架》。

根据已实施行动的进展情况来看，部分气候资金用于提高气候适应能力但没有全面地列出国家或行政当局所获得的可用资金。虽然目前在英国国家气候行动方案中，并没有附加具体的预算资金，但政府确实为适应气候变化提供相应资金，主要用于气候预测、国家气候变化风险评估、维护气候服务网站，以及执行各自的国家行动方案和协调国家行动所需的其他研究和跨领域行动。此外，英国还建立了一些资金机制，以提高气候适应能力。例如，"产业战略"和"地方力量基金"（1.15亿英镑）支持地方适应网络的研究和创新，其中包括考察气候变化和应对极端天气事件的能力；洪水风险管理战略为降低洪水风险提供资金（30亿英镑）。英国还成立了政府首席科学顾问环境观测委员会，其目的是确保为优先方案建立适当的供资机制，并确保存在协调一致和强有力的环境监测基础设施，以确保长期观测活动的持续资金，满足国家需要。

2. 适应资金概况

英国作为发达国家，很难从《联合国气候变化框架公约》下的资金机制中获取气候资金，但在脱欧前其可从欧盟机制中获得适应资金。但脱欧后，英国的农业部门和其他部门的适应气候变化进程均受到影响，为此，英国正式推出新农业法案，引入一套适合农民利益的新制度。此外，英国大力发展绿色金融，旨在通过推动以清洁经济增长和提升国家韧性为主题的绿色金融战略实现经济发展及减缓和适应未来气候风险。与私人资金占比较大的气候减缓资金不同，其用于适应规划的具体行动的适应资金主要来自国家财政预算和发展金融机构投资，未来应积极挖掘私人资金投资潜力，但目前来说，由于适应领域普遍存在投资回收期长，投资效益低的问题，私人资金注入的动力较小。在私人资金方面，英国的气候债券投资领域主要为减缓领域，收益主要分配给低碳基础设施。2014年至2018年第一季度，绿色债券累计发行额达到33亿欧元，其中，水资源是募集资金投向最多的领域，涉及水循环、处理和资源管理等项目。

此外，英国的气候保险普及率非常高，主要与政府直接参与计划有关。事实上，1990～2017年，洪水和地震对英国造成的整体经济损失达225.3亿美元，为降低气候风险，英国采取了自愿和强制相结合的发展模式。保险公司传统上接受自愿承保有洪水风险的财产，以回报政府对预防和减缓的承诺。在重大水灾事件和政府在减低风险方面的投资不足导致保费大幅上升后，当局采取新的做法，于2016年推出洪水再保险计划。

在2019年开展的适应规划进展评估中，适应委员会指出，英国商业部门尚未抓住未来适应气候变化的商业机遇，同时指出英国应向适应领域提前布局，如创新产业战略（创新气候产品与服务）和完善金融产品（保险、绿色债券等），拉动更多私人资金投入适应气候变化领域。

3. 国际气候援助

在国际气候援助方面，英国政府积极履行大国责任，气候援助资金量位于世界前列，主要通过国家公共预算，以赠款、低息贷款等形式流向发展中国家减缓或适应气候变化的项目。2011～2015 年，英国通过国际气候资金（international climate finance）项目向发展中国家提供了 38.7 亿英镑的气候资金援助（均为国家公共预算资金），并承诺 2016～2020 年和 2021～2025 年分别提供 58 亿英镑和至少116 亿英镑的资金援助（Department for Business，Energy & Industrial Strategy，2019）。2016 年，英国履行了减缓与适应援助并重的承诺，适应资金援助达到当年总援助额的 51%，此后也一直平衡减缓与适应行动的气候援助（Department for Business，Energy & Industrial Strategy，2017）。英国的适应方案包括灾害风险保险方案，该方案提高了贫穷国家私营部门对自然灾害的复原力。通过支持私营部门灾害风险保险市场的发展，该项目将持续地帮助增强复原力，减轻气候变化的影响，并通过私营部门的增长支持经济发展。

案例二：德国适应资金体系分析

1. 德国的适应气候变化总体进程

德国设立国家气候变化适应委员会以推动国家适应战略与行动。德国于 2005年在《国家气候保护计划》中，首次提及气候变化适应问题，并提出将制定全国性的适应气候变化战略。为此，德国建立了国家气候变化适应委员会和适应气候变化部际工作组，分别于 2008 年、2011 年发布了《德国适应气候变化战略》（German Strategy for Adaptation to Climate Change，简写为 DAS）、《适应行动计划》（Adaptation Action Plan，APA），并于 2014 年对 DAS 措施开展了评估，2015 年发布了气候变化适应战略的进展报告以评估战略进展并更新发布了第二版《适应行动计划》，并对其中措施说明了资金的需求数额和来源。

德国在适应领域的气候行动计划中提出了适应性财政援助，贯穿于适应领域的各个部门和试点项目。此外，还固定设置适应气候变化的财政资助计划，将其作为公共指南中的额外资助计划。并于 2013 年成立了森林气候基金（Forest Climate Fund），每年约 3500 万欧元被用于支持适应气候变化工作，旨在挖掘和优化森林及木材的潜力，以最大程度地减少二氧化碳排放，从而帮助德国的森林适应气候变化，为适应资金的流动与聚集提供了一定的帮助。

2. 适应资金概况

德国国内气候资金主要包括公共资金和私人资金。其中，部分公共资金通过欧盟基金从欧盟预算中支出，包括欧洲农村发展农业基金（European Agricultural Fund for Rural Development，EAFRD）、欧洲农业担保基金（European Agricultural Guarantee Fund，EAGF）、欧洲能源复苏计划（European Energy Plan for Recovery，EEPR）、欧洲区域发展基金（European Regional Development Fund，ERDF）和连接欧洲基金（Connecting Europe Facility，CEF）；部分公共资金来源于国家政府预算，包括联邦、地区和地方各级的预算资金。2016 年，德国气候和能源总投资达 632 亿欧元，其中 86% 的资金属于私人资金，而公共资金仅有约 14%。私人资金中的较大部分由 KfW 提供，总流量达 352 亿欧元。但整体来看，资金流向较少偏重适应领域。研究指出德国的国内气候相关资金主要投向了减缓领域，并且减缓私人投资占主要部分，对于德国国内适应资金的组成、来源及规模尚缺乏研究（没有对适应气候变化的所有资助活动进行跨部门汇编，也没有概述为此目的花费的资金），因此难以明确其现状。只有德国联邦教育及研究部（Bundesministerium für Bildung und Forschung，BMBF）、德国联邦环境、自然保育及核能安全部（Bundesministerium für Umwelt，Naturschutz und Reaktorsicherheit，BMU）、德国联邦交通和数字基础设施部（Bundesministerium für Verkehr und digitale Infrastruktur，BMVI）、德国联邦食品和农业部（Bundesministerium für Verbraucherschutz，Ernährung und Landwirtschaft，BMEL）和德国联邦经济事务和能源部（Bundesministerium für Wirtschaft und Energie，BMWi）的资金集中记录在 BMBF 的资金目录中，并可以根据气候变化的影响和适应情况进行评估，鉴于目前国际适应领域不同于减缓领域，尚缺乏成本有效性的投资产品，可以判断德国的适应资金规模仍较小，且缺乏私人资本进入。

在私人资金方面，德国拥有庞大的债券市场，在强力的政策背景及广泛的银行和潜在发行人基础上，德国绿色金融增长潜力巨大。2013～2018 年第一季度，德国累计发行绿色债券 226 亿欧元，全球排名第四。其中，KfW 仍然是最大的发行商，占所有发行量的 58%。从其投资方向来看，可再生能源占比 80%，建筑物占比 14%，水资源占比 3%，其余部分分配给废物管理、运输、能源密集型工业和改造，绿色债券较少投资到适应领域，需进一步开拓适应领域的投资市场。

为转移气候变化的风险，德国建立了完善的气候保险制度。早在 1733 年，德国就推出了冰雹造成的农作物损失的保险，并于 1830 年引入牛保险。19 世纪 90 年代，政府将这一体系扩展到自然灾害（如洪水、干旱、暴雨、地震和雪崩）造成的损失。实际上，洪水保险作为财产保险的可选附加产品，可供私人家庭和商业或工业企业使用，2002～2017 年，该比例从 19% 上升到 40%。尽管大多数保险是由私人机构提供的，但国有的 KfW 还设立了一项价值 7900 万美元的基金，作为气候变化灾难的直接保险基金。

3. 国际气候援助

在国际气候援助方面，德国始终积极履行发达国家责任，美国退出《巴黎协定》后，德国在国际资金援助领域处于全球领先地位。德国气候援助主要由联邦经济合作与发展部（Bundesministerium für wirtschaftliche Zusammenarbeit und Entwicklung，BMZ）和 BMU 负责，前者主要通过 KfW 渠道，后者通过 2008 年发起的 IKI 渠道进行气候援助。2018 年，德国官方援助资金达 66.12 亿欧元，且资金较为均衡地流向减缓（约 55%）和适应（约 45%）领域。

德国为最不发达国家和小岛屿发展中国家中最脆弱的国家提供有针对性的支持，以增强其适应能力并提高其农业生产能力和基础设施抵御能力。每年出资约 5 亿欧元为非洲国家 300 多个项目提供资金支持。此外，BMZ 每年出资 0.2 亿欧元资助 17 个国际农业研究中心以加强非洲农业对气候变化影响的复原力。BMZ 优先支持生态系统、农业生产与粮食安全和水管理方面的适应及气候风险管理的保险机制等。

案例三：中国适应资金体系分析

1. 中国的适应气候变化总体进程

我国政府高度重视应对气候变化工作，采取减缓和适应并重的策略，不断强化适应行动和实践。2013 年 11 月发布的《国家适应气候变化战略》，为统筹开展适应气候变化政策与行动提供了战略指导；2016 年发布的《城市适应气候变化行动方案》，将城市行动作为国家适应气候变化的切入点。为了做好示范带头作用，2016 年和 2017 年分别印发了《气候适应型城市建设试点工作方案》和《气候适应型城市建设试点工作的通知》，在全国范围内组织开展了气候适应型城市建设试点；2018 年，我国作为 17 个发起国之一，共同加入了全球气候适应委员会。在适应资金体系建设层面，我国虽然在战略框架下提出了相应机制的建设情况，并在战略文件中强调了资金的重要性和初步建设构想，但并未有明确的信息和数据来支持各项行动的开展。

2. 适应资金概况

目前，我国气候适应资金来源单一，主要来源于由我国政府支出的公共财政资金及国际社会资助的适应资金，尤其是发达国家对发展中国家的资助资金，但可获得的资金数量远远不能满足适应气候变化的资金需求。2010～2015 年，中国从《联合国气候变化框架公约》下的资金机制、多边和双边渠道获得的赠款和优惠贷款总额仅为 52 亿美元左右，且资金主要流向减缓领域，缺少对适应项目的有力支持。我国财政支出中具有适应性质的资金投入主要分散于环境保护、城乡社区事务和农林水利等项目中。就资金最终用途来说，政府投入的公共资金并非专门用于适应气候变化，部分还用于经济发展、生态环境保护和修复等，政府投入的具有适应性质的资金对于适应气候变化的作用十分有限。此外，由于公共资金缺乏、市场激励不足、多重风险并存等原因，我国私人适应资金投入也处于严重不足状态，有效且活跃的适应产品与服务投资市场远未建立。

在私人资金方面，各类绿色金融工具，如绿色信贷、绿色债券、绿色保险可以动员和激励更多社会资本进入该领域，同时有效抑制污染性投资，持续为应对气候变化活动提供长效资金支持。

绿色信贷作为中国绿色投融资最主要的渠道，在撬动气候资金方面也同样发挥重要作用。中国绿色债券市场在利好政策刺激和有效金融监管的双重作用下，规模不断扩大。2019 年中国境内外发行贴标绿色债券（含绿色资产支持证券）共计 3600 亿元，但其主要投向于绿色交通和清洁能源项目，适应领域投入资金较少，有待进一步开发市场。

中国的绿色保险起步较晚，2007 年 4 月，保监会下发通知要求各保险公司和保监局关注气候变化可能对中国经济社会发展造成的影响，充分发挥保险经济补偿、资金融通和社会管理功能，提高应对极端天气气候事件的能力，中国的保险业自此进入气候领域。目前中国的气候保险以天气指数保险为主，且多集中于农业领域，而巨灾保险试点地区较少，发展相对滞后。整体来看，中国的气候保险仍存在潜在的发展空间。

3. 国际气候援助

在国际气候援助方面，自 2011 年以来，中国政府已在南南合作框架下累计安排 7 亿元人民币（约 1 亿美元），通过开展节能低碳项目、组织能力建设活动等帮助其他发展中国家应对气候变化。此外，我国已于 2015 年承诺设立 200 亿元人民币南南气候合作资金支持其他发展中国家应对气候变化。中国还广泛开展与国际组织的合作，如世界银行、亚洲开发银行、UNDP 等，并不断加强与发达国家在应对气候变化和清洁能源方面的对话交流，积极推动气候变化南南合作。在"一带一路"建设中重视低碳投资，通过中资银行、亚洲基础设施投资银行和丝路基金等机构引导和促进更多资金投入减缓和适应气候变化领域。但是我国目前没有明确区分减缓与适应援助，导致适应资金的流向与规模仍模糊不清。

附录2　深圳气候投融资实践

深圳作为国家首批低碳试点城市，也是国内首个启动碳交易试点的城市，在低碳城市建设、可持续发展、绿色金融方面取得了先行先试的明显成效。深圳市结合应对气候变化、碳交易等机制，在气候投融资领域开展了不少尝试与实践，以创新的姿态引领着国内气候投融资的发展与方向。

1. 气候投融资顶层设计和政策保障体系建设经验

一是完善顶层设计。2018年12月，《深圳市人民政府关于构建绿色金融体系的实施意见》全面综合地提出了深圳绿色金融体系顶层设计方案。2020年11月，深圳市发布中国首个地方绿色金融法规《深圳经济特区绿色金融条例》，率先建立绿色金融法律体系，营造绿色金融发展的优良法治环境。

二是加强规划引领。《深圳市应对气候变化"十三五"规划》明确提出，完善碳排放权交易机制、构建绿色金融支撑体系。对深入推进碳排放权交易试点、积极开展碳金融产品研究、大力创新碳金融业务模式、充分发挥碳市场对应对气候变化、实现低碳发展的支撑作用、鼓励创新绿色金融产品和服务方式、拓展融资渠道为低碳项目提供融资支持等提出了具体要求。

三是完善碳市场体制机制。2013年6月，深圳碳市场在全国率先启动，并于2014年6月27日成为全国首个总成交额突破亿元大关的碳市场，也是国内首个引进境外投资者的碳交易市场。在机制建设方面，深圳率先将碳交易规范上升到法制层面，2012年深圳利用经济特区立法权，颁布实施了《深圳经济特区碳排放管理若干规定》，并于2014年颁布了《深圳市碳排放权交易管理暂行办法》，明确了配额或者核证自愿减排量可以质押。

四是搭建专业平台。2017年6月27日，深圳经济特区金融学会绿色金融专业委员会（简称深圳绿金委）正式成立，通过搭建政策研究与沟通协调平台，探索实现深圳绿色金融的实务创新与跨境合作，推动深圳在低碳城市建设、绿色金融和气候投融资领域快速发展。

2. 气候投融资实践探索

深圳市积极开展碳金融研究探索，持续推进气候投融资的发展与创新，主要创新与实践如下。

（1）成功发行国内首只碳债券。2014年5月12日，中广核风电有限公司宣布中广核风电附加碳收益中期票据（简称碳债券）在银行间交易商协会成功发行，规模为 10 亿元人民币，期限为 5 年，债券收益为固定加浮动，固定收益源自 5 个风电项目的现金流收入，浮动收益 5～20bp[①]，源自风电项目产生的核证自愿减排量在深圳排放权交易所出售获得的收益。

（2）推出国内首笔纯配额质押融资业务。2015 年 11 月 2 日，深圳完成了首笔纯配额碳质押融资业务，管控企业以纯配额做质押，向银行申请了 5000 万元的贷款用于节能改造。配额质押产品为中小企业提供了新颖的融资渠道，可以有效帮助管控企业盘活碳配额资产，降低资金占用压力和中小企业授信门槛，解决节能减排中小企业担保难、融资难问题。

（3）推出跨境碳资产回购融资交易业务。2015 年，深圳排放权交易所研究推出了跨境碳资产回购式融资业务。2016 年 3 月 2 日，深圳实现了首笔跨境碳资产回购式融资业务的落地，交易标的 400 万吨配额，交易额达一亿元人民币规模，同时也是全国试点碳市场启动三年以来最大的单笔碳交易。

（4）推出国内首笔绿色结构性存款业务。2014 年 11 月 27 日，深圳排放权交易所、兴业银行深圳分行和华能碳资产经营有限公司联合推出国内首笔绿色结构性存款业务，创新性地引入深圳碳配额作为新的支付标的，根据企业配额管理、资金收益等要求，在原有理财或结构性存款产品的基础上，引入第三方碳资产运营管理机制，在产品到期日提供多样化的支付结构选择，为管控企业提供更加灵活的资产管理方案。

（5）支持成立国内首只私募碳基金。2014 年 10 月 11 日，深圳诞生国内首只私募碳基金"嘉碳开元基金"。该基金主要开展标准化碳资产开发业务和碳排放权交易业务，交易标的为碳配额和中国 CER，具体包含两款产品——"嘉碳开元投资基金"和"嘉碳开元平衡基金"。

3. 未来探索方向

1）完善配套政策体系

一是加强基础性制度建设，完善碳排放信息披露机制。制定企业碳排放信息的强制披露政策并要求国有企业、上市公司率先向公众披露碳排放相关信息，鼓励企业逐步减少碳排放、提升低碳竞争力。二是建立气候投融资标准体系，包括碳金融业务管理规范、碳排放信息披露标准、碳资产定价的相关标准等。三是完善碳金融乃至气候投融资市场的增信担保机制，建立起市场化的风险分散、分担机制。

2）丰富气候投融资产品和工具

一是在气候债券领域开展深入的研究和探索。力争在以下几个方面取得重要

---

① bp 表示基点。

突破：气候债券创新产品研究、争取地方政府的支持政策（如贴息政策等）、协助企业申请绿色债券的认证、引入境外机构投资者认购气候债券等。二是基于在碳金融领域的创新和实践经验，开展碳资产证券化产品的研究工作，推动碳资产证券化产品成为一类可在全国市场推广的新型气候投融资工具。三是立足于成熟的金融环境和数据环境，研究开发碳指数等气候指数产品，重视气候变化风险对于经济的影响程度，研发更加实用的价格指数，在此基础上推动成立气候指数基金。四是研究开发气候投资基金。深圳在气候基金领域的探索处于全国前列，早在2014年便推动成立了国内首只私募碳基金。基于碳基金的经验，深圳将积极研究开发气候投资基金，并吸引境外机构投资者参与我国气候投融资市场。